JN098295

ライブラリ 経済学ワークブック 3

統計学 ワークブック

アクティブに学ぶ書き込み式

來島愛子・竹内明香 共著

STATISTICS WORKBOOK

新世社

はじめに

　來島と竹内は，上智大学経済学部で長年にわたり講義を続け，すべての学生に統計学の基礎を身につけてもらうためには，何を教え，何を教えないべきかについて話し合いを重ねてまいりました。そして，初学者に一番理解してほしい点は，基本となる平均の区間推定と平均の検定だと結論付けました。統計学の良書が数多く出版されておりますが，この『統計学ワークブック』は基本的な問題のみを扱っており，数学的に応用が必要となる問題はありません。基本の問題を繰り返し行うこと，また，扱う内容も基本のもののみに絞ること，それが本書を作成するにあたって一番留意したことです。

　本書の特徴は，次の点にあります。まず，統計学の理論の解説については，数々の良書がすでにあることから，本書ではポイントのまとめを行うことに努めました。ただし，公式などの式は，あくまで省略せずまとめ，統計学の理論をすでに学習した読者には復習として，これから学習する読者には予習として活用できる形態になっております。

　次に，RやPythonというプログラム言語に注目が集まっている中，本書はExcelに着目しました。その理由は，Excelは，大学を卒業した後，必ず使用するであろうということが，まずあります。また，Excelは目でデータを確認できることから，他のプログラム言語よりも，昔の手計算に近い理解が得られるのではないかと考えたためでもあります。読者によっては，本書を学習したあとに，より応用のプログラム言語の習得に進むことになるでしょう。しかし，データ整理の初めの段階などにおいては，Excelはずっと使われるソフトと位置づけられます。このようなことから経済学部の学生としてExcelによる統計処理はマスターしておいてほしい，それが著者2名の願いでもあります。

　最後に，本書では，統計学の分析の手順の解説とExcelの操作だけでなく，Excelのアウトプットをどのようにまとめるかという説明に重点を置きました。これは，ある学生から「Excelはできました。次は何をすればよいのでしょうか？」と，質問されたことがきっかけです。統計学の理論と，Excelのアウトプットと，その解釈の方法の3点を結びつけ，ポイント解説・例題・練習問題という構成をとったのは，そうした読者を念頭に置いたからです。

　本書を出版するにあたり，新世社編集部の御園生晴彦，菅野翔太両氏には大変お世話になりました。お二人の励ましがなければ出版までいたることはなかったでしょう。深く感謝いたします。また，上智大学の学生の皆様からは，統計学の学習方法について，沢山のアイデアをいただきました。それらの声が，本書をよりよいものにしてくださったことは，いうまでもありません。最後に，竹内ゼミの学生の皆様にはデータの収集，分析，スライドの作成と多岐にわたり手伝っていただきました。來島ゼミの皆様には，原稿を丁寧にチェックしていただきました。ここに，改めて，御礼申し上げます。

本書によって，統計学を身近に感じる学生の皆様が増えることを祈っております。

　　2024年2月

來島愛子・竹内明香

目　次

本書の活用にあたって

■構　成

　基本的に各章の内容は，ポイント解説 → 例題 → 問題，という流れで構成し，章末には演習問題を設けた。演習問題は応用と発展に分かれている。（各問題で扱うデータについては，次の「本書で使用するデータ」を参照。）

ポイント解説　統計理論のまとめを行っている。導出その他詳細については各自で調べること。

例　題　その章の学習における典型的な問題を採り上げた。「解答」の中の枠囲み部分を答える想定となっている。例題の後に「Excel アウトプット」を掲載したところについては，Web 上※に Excel の操作解説ファイル「Excel 解説」とすべて解き終えた Excel ファイル「Excel 解答」を掲載している。参考のため，「例題補足」を追記した箇所もある。

問　題　理解度チェックのために，例題の後に問題を設けた。読者が問題に取り組み，手で空欄部分を穴埋めする形式になっている。解答は巻末の付録 A に掲載した。また，Web 上に問題をすべて解き終えた Excel ファイルを掲載している。ファイル名は，各問題で扱うデータ名（「コンビニ」「スターバックス」など）に「answer」を追加している。（Excel の操作解説ファイルはない。）ファイル内のタブの名前と，各問題のテーマ（「ヒストグラム」「区間推定」など）が対応するようになっている。

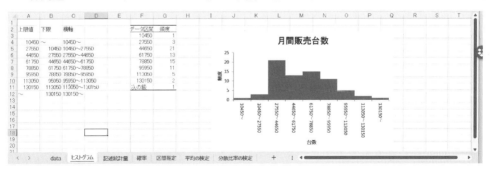

　　なお参考のため，「問題補足」を付録 B に掲載している。問題補足がある問題は「問題†」としている。

演習問題（応用）　演習問題（応用）では，Web 上に掲載した「answer」ファイルに含まれるデータ（各ファイル内の「data」タブ）のうち，例題と本文の問題とは異なるものを使用する。解答は掲載していない。講義での小テストや課題などに利用可

※　新世社ホームページ https://www.saiensu.co.jp 内の本書のサポート情報欄を参照のこと。

能である。

演習問題（発展）　演習問題（発展）では，独自でデータを集めて分析を行う問題となる。解答は掲載していない。こちらも，講義での小テストや課題などに利用可能である。

　なお，第 9 章についてはそれまでの章の内容の復習問題，第 13 章については統計分析の結果をまとめた PowerPoint の作成，第 14 章については記述式問題を扱っている。中間レポートや期末レポートに利用していただきたい。

■解答形式についての注意点

解釈について　分析結果には基本的な解釈を記載している。ただし，解答は画一的であり，独自の解釈があれば，よりよい分析となるであろう。解答は，一例として考えてほしい。

解答値の四捨五入　本書は，Excel 上ですべての計算を行っている。本来であれば，計算途中の数値は切り捨て，最終の解答値のみ，四捨五入して記載すべきであるが，本書では，すべての解答値を四捨五入した。そのため，本書の解答の数値を Excel に直接入力すると，計算結果が異なってしまうことに注意していただきたい。

本書で使用するデータ

本書の各問題には，扱うデータのテーマが与えられている。以下では，本書で使用するデータの出典や，データの算出方法を紹介する。また，これらのデータは Web 上に掲載している。（各「answer」ファイル内の「data」タブを参照。）

【英語50】【英語20】：英語の点数　S 大学では，学部 1 年生を対象に入学時と 1 年時の最終月（以下，入学時，1 年時と表記）に英語のテストを行って，学習効果の測定を行っている。ここで，2 回のテストの難易度は同じであると仮定する。データは英語のテストの点数であり，50 人のものと，20 人のものの 2 つがある。例題用の疑似データである。

	A	B	C	D	E
1	英語の点数（入学時）	英語の点数（1年時）			
2	26	39			
3	19	26			
4	28	42			
5	44	42			
6	22	32			
7	30	46			
8	20	36			

【エコカー】：エコカー販売量　エコカーの販売促進のため補助金制度の効果について検証したい。日本の EV 車と HV 車（以下，エコカーとする）の月間販売台数について 2009 年 4 月から 2015 年 3 月（72 か月間）まで調査した。この調査対象期間に，販売促進のため補助金制度が段階ごとに施行されており，2009 年 4 月から 2012 年 3 月までを第 1 期補助金政策期間（前期）とし，2012 年 4 月以降を，第 2 期補助金政策期間（後期）として政策の効果があったか分析を行うこととする。出典は，一般社団法人日本自動車部品協会（JAPA, Japan Automotive Products Association）ホームページの「統計資料」。

	A	B	C	D
1	HVEV等	販売台数	税制改正	
2	2009年4月	15068	第 1 期	
3	2009年5月	21601	第 1 期	
4	2009年6月	34152	第 1 期	

【コンビニ】：コンビニの 1 店舗当たり年間（名目）販売額　1 店舗当たりの販売額を利用して，コンビニ業界の販売額の変化を検証したい。そこで 1998 年から 2016 年までの，コンビニ業界の 1 店舗当たりの年間（名目）販売額を調査した。出典は，経

済産業省「商業動態統計調査」。

	A	B	C	D	E	F	G	H
1	年	平成	コンビニエンスストア販売額（単位:百万円）	コンビニエンスストア収益率（単位:%）	出店店舗数	一店舗あたりの販売額（単位：百万円）	CPI(前年比)	
2	1998	10	6,049,221		32,248	187.5844	0.6	
3	1999	11	6,383,316	5.52	33,627	189.8271	-0.3	
4	2000	12	6,680,389	4.65	35,461	188.3869	-0.7	
5	2001	13	6,845,688	2.47	36,113	189.563	-0.7	
6	2002	14	6,979,813	1.96	37,083	188.2214	-0.9	
7	2003	15	7,096,444	1.67	37,691	188.2795	-0.3	

【スターバックス】：スターバックスの1店舗当たりの県別人口　スターバックスの新規店舗の出店を検討するために，既存店舗数の分析を行いたい。そこで，2017年7月6日の都道府県別店舗数と，2017年の都道府県別人口のデータを調査し，1店舗当たりの人口＝人口/店舗数を算出し分析を行う。出典は，都道府県別店舗数はスターバックスホームページの店舗検索（2017年7月6日現在），都道府県別人口は総務省統計局の「人口推計（平成28年10月1日現在）」である。（本データの分析ではデータのソート作業を含むので，ある程度Excelに慣れている場合に使用するのが望ましい。）

	A	B	C	D	E	F	G
1	都道府県		スタバ店舗数	人口(千人)	人口/店舗数(千人)	人口/店舗数(人)	政令指定都市ダミー
2	北海道		34	5,352	157	157411.7647	1
3	青森県	東北	8	1,293	162	161625	0

【マクドナルド】：マクドナルドの国別店舗数　すでにマクドナルド出店済みの国へ新規店舗の出店を検討するため，既存店舗数と人口の関係を分析したい。そこで，マクドナルドの国別店舗数について2007年と2012年に，すでに出店している国のうち，96か国を対象に調査を行った。また，2012年の国別の人口も調査した。出典は，Chalabi, M. and Burn-Murdoch, J. (2013) "McDonald's 34,492 restaurants: where are they?" *The Guardian*, Wed 17 July 2013. である。データ数が多いため，Excelの初心者には不向きなデータである。

	A	B	C	D	E	F	G	H
1			マクドナルドの店舗数2012	マクドナルドの店舗数2007	人口（2012）	人口/店舗数（＝E÷C）		
2	Country	Region	Number of restaurants 2012	Number of restaurants 2007	Population Size 2012	Number of people per McDonalds branch	店舗変化数(C-D)	店舗変化率
3	American	Asia/Paci	2		55,128	27,564.00	1	1
4	United Sta	North Ame	14157	13873	313,914,040	22,173.77	284	0.020471419
5	Kuwait	Asia/Paci	67	47	3,250,496	48,514.87	20	0.425531915

【広島カープ】：広島カープの広島年間観客収容率　1980年から2016年の広島カープの観客収容率が順位によって変動するのか，2007年に開始されたクライマックスシリーズ（以下CS）の導入によって変化したかを検証する。シーズン戦（セ・リーグ戦と交流戦を含む）の収容率は，次の手順で算出している。

$$\text{観客収容率} = \frac{\text{広島観客動員数}}{\text{ホーム試合数} \times \text{球場収容人数}} \times 100$$

ここで，球場収容人数は，広島市民球場の 31984 人，2009 年以降は，MAZDA Zoom-Zoom スタジアム広島の 33000 人を用いている。出典は，NPB（日本野球機構）公式ホームページと，各種新聞記事。出典として用いた新聞記事については，「answer」ファイル内に記載している。そのほかに，CS と日本シリーズのポストシーズン戦を加えた収容率が掲載されている。

	A	B	C	D	E	F
1	練習問題用データ					
2		年	順位	シーズン戦動員数（ホームのみ）	シーズン戦ホーム試合数	シーズン戦収容率
3		1980	1	1314000	65	63.20467926
4		1981	2	1047000	65	50.36171932

【Jリーグ】：Jリーグのチーム別年間観客収容率　プロサッカーリーグのクラブ経営者の立場から，サッカー場の収容率の分析をする。2014 年度の日本のプロサッカーリーグJ1 が所有する 18 個のサッカー場の年間観客収容率を調査した。出典は，2014 年度Jクラブ個別情報開示資料。

	A	B	C	D	E	F	G	H
1	J1リーグ					Premier League		
2		J観客収容率	J順位				P観客収容率	P順位
3	川崎F	76.00%	6			Manchester United	99.30%	7
4	仙台	72.80%	14			Arsenal	99.50%	4
5	甲府	67.60%	13			Newcastle United	96.70%	10
6	G大阪	66.30%	1			Manchester City	98.70%	1
7	清水	66.10%	15			Liverpool	99.00%	2

【Pリーグ】：プレミアリーグのチーム別年間観客収容率　プレミアリーグが所有する 20 個のサッカー場の 2013 年から 2014 年の年間観客収容率を調査した。出典は，Conn, D. "Premier League finances: The full club-by-club breakdown and verdict." *The Guardian*, Wed 29 Apr 2015 13.41 BST. である。Jリーグと同様に，クラブ経営者の立場から，収容率の分析をする。（画像はJリーグ右側）

【ワクチン】：ワクチンの効果　ワクチンの接種によって，発病者数が変化するか 1000 名について調査したものである。ワクチン接種の有無，発病の有無について，2×2 の表でまとめている。第 3 章の例題用の疑似データである。

	A	B	C	D	E
1		発病あり	発病なし	合計	
2	ワクチン接種	100	500	600	
3	ワクチン未接種	200	200	400	
4	合計	300	700	1000	
5					
6					

【交通事故】：年齢層別交通事故死者数　年齢層別交通事故死者数について，内閣府の「交通安全白書」より，2014年度中の状態別・年齢層別交通事故死者数（WEB掲載表）をまとめた。人口100万人当たりの年齢別データを，練習問題では，20代以下，30代以下のデータに再集計している。また，学習者独自の集計も可能にするため，元データも記載している。第3章の練習問題のみに使用される。

		歩行中	自転車乗用中	原付乗車中	自動二輪車	自動車乗車	計
3							
4	平成２６年度中の状態別・年齢層別交通事故死者数(WEB掲載表)						
5	人口１００万人当たりの人数（単位：人）						
6		歩行中	自転車乗用中	原付乗車中	自動二輪車	自動車乗車	計
7	15歳以下	2.4	1.1	0	0.1	1.2	4.8
8	16-24	2.8	2	3.4	8.8	13.6	30.6
9	25-29	3.9	1.3	1.2	4.9	9.6	20.9
10	30-39	3.2	1	0.8	4	6.7	15.7
11	40-49	4.1	1.5	1.3	6	8.1	21
12	50-59	6.7	3.1	1.9	4.4	10.5	26.6

応用：コンビニ実質年間販売額　コンビニの1店舗当たり実質年間販売額について，1998年から2016年までの19年間の実質年間販売額（単位は100万円）を算出した。実質という概念が必要になるため，第9章の復習問題に利用している。実質化したデータは，前出の年間販売額を，消費者物価指数（CPI）で除して算出している。

	A	B	C	D	E	F	G	H
1	年	平成	コンビニエンスストア販売額(単位 百万円)	コンビニエンスストア収益率(単位	出店舗数	一店舗あたりの販売額(単位:百万円)	CPI	実質一店舗当たり販売額
2	1998	10	6,049,221		32,248	187.5843773	100.1	187.3969803
3	1999	11	6,383,316	5.52	33,627	189.8271032	99.8	190.2075183
4	2000	12	6,680,389	4.65	35,461	188.3889321	99.1	190.0978124
5	2001	13	6,845,688	2.47	36,113	189.5629829	98.4	192.6453078
6	2002	14	6,979,813	1.96	37,083	188.2213683	97.5	193.0475572
7	2003	15	7,096,444	1.67	37,691	188.2795362	97.2	193.7032266
8	2004	16	7,289,193	2.72	38,621	188.7365164	97.2	194.1733708
9	2005	17	7,359,564	0.97	39,600	185.8475758	96.9	191.7931638
10	2006	18	7,399,009	0.54	40,183	184.1328174	97.2	189.4370549
11	2007	19	7,489,523	1.22	40,405	185.3612919	97.2	190.7009176
12	2008	20	7,942,692	6.05	40,745	194.9366057	98.6	197.7044683
13	2009	21	7,980,861	0.48	41,724	191.2774662	97.2	196.7875167
14	2010	22	8,113,612	1.66	42,347	191.5992714	96.5	198.5474315

応用：月間株価個別株6社の終値収益率　Interbrand Inc. 発表の "Best Global Brands 2016" にランクインした日本企業6社（トヨタ自動車（TOYOTA），日産自動車，本田技研工業，ソニー，パナソニック，キヤノン）の株価について分析を行いたい。そこで，各社の株価とTOPIXについて，月次の終値を調査し，収益率を算出している。

$$月次収益率＝\frac{t\,月の株価－t\text{-}1\,月の株価}{t\text{-}1\,月の株価}\times 100$$

　データの期間は，2007 年 10 月から 2017 年 9 月，出典は，日経 NEEDS Financial Quest である。第 14 章の記述式問題として使用している。

	A	B	C	D	E	F	G	H	I
1		月間終値:〈終値ベース〉	月間終値(権利落調整)済	月間終値(権利落調整)済	月間終値(権利落調整)済	月間終値(権利落調整)済	月間終値(権利落調整)済	月間終値(権利落調整)済	
2		MKTINDEX*M4CLOSE2	STOCK*M*CLOSE	STOCK*M*CLOSE	STOCK*M*CLOSE	STOCK*M*CLOSE	STOCK*M*CLOSE	STOCK*M*CLOSE	
3			円	円	円	円	円	円	
4		TOPIX	トヨタ自動車	日産自動車	本田技研工業	ソニー	パナソニック	キヤノン	
5		コードブック参照	T7203	T7201	T7267	T6758	T6752	T7751	
6		月間収益率	月間収益率	月間収益率	月間収益率	月間収益率	月間収益率	月間収益率	
7	2007/10	0.213408222	−3.097345133	15.20417029	11.39896373	1.256732496	1.62412993	−8.293460925	
8	2007/11	−5.443591944	−5.02283105	−4.600301659	−12.55813953	6.560283688	2.054794521	1.043478261	
9	2007/12	−3.668694676	−3.205128205	−2.766798419	−0.265957447	3.161397671	3.579418345	−10.49913941	
10	2008/01	−8.766805812	−3.642384106	−17.64227642	−11.46666667	−15.80645161	−2.807775378	−11.92307692	

データファイルについて

　本書で扱うデータファイルの一覧と，対応する問題について，以下の各章のExcel演習問題対応表1から4に示している。これらのうち，1変量の問題のみに対応しているものと，相関係数や回帰分析まで対応しているデータに分かれている。

各章のExcel演習問題対応表1

主データ	データ数	図	平均	確率
【エコカー】月間販売台数	72か月	○	○	―
【コンビニ】1店舗当たり年間販売額	19年	○	○	―
【スターバックス】1店舗当たり県別人口	47地域	○	○	―
【マクドナルド】国別店舗数	96	―	○	―
【広島カープ】広島年間観客収容率	37年	○	○	―
【Jリーグ】年間観客収容率J	18チーム	―	○	―
【Pリーグ】年間観客収容率P	20チーム	―	○	―
【交通事故】年齢層別交通事故死者数	2×2	―	―	○
（コンビニ）1店舗当たり実質年間販売額*	19年	○	○	―
（TOYOTA株）月次収益率*	120か月	○	○	―

（注）主データの*は，応用問題に使用したデータである。

各章のExcel演習問題対応表2（平均の分析）

主データ	区間推定	単変量検定	差の検定
【エコカー】月間販売台数	○	棄却	棄却
【コンビニ】1店舗当たり年間販売額	○	棄却	棄却
【スターバックス】1店舗当たり県別人口	○	棄却	棄却
【マクドナルド】国別店舗数	○	採択	採択
【広島カープ】広島年間観客収容率	○	棄却	棄却
【Jリーグ】年間観客収容率J	○	採択	棄却
【Pリーグ】年間観客収容率P	○	棄却	―
1店舗当たり実質年間販売額*	○	棄却	棄却
月次収益率*	○	採択	採択

（注）主データの*は，応用問題に使用したデータである。

各章のExcel演習問題対応表3（2変量の分析）

主データ	相関係数の検定	単回帰
【エコカー】月間販売台数	―	―
【コンビニ】1店舗当たり年間販売額	―	―
【スターバックス】1店舗当たり県別人口	―	―
【マクドナルド】国別店舗数	棄却	有意
【広島カープ】広島年間観客収容率	採択	0
【Jリーグ】年間観客収容率J	採択	0
【Pリーグ】年間観客収容率P	採択	0
1店舗当たり実質年間販売額*	―	―
月次収益率*	棄却	有意

（注）主データの*は，応用問題に使用したデータである。
（注）単回帰欄にはβの有意性を示す。

各章の Excel 演習問題対応表 4（分散の分析）

主データ	区間推定	単変量検定	比の検定
【エコカー】月間販売台数	○	採択	採択
【コンビニ】1 店舗当たり年間販売額	○	棄却	棄却
【スターバックス】1 店舗当たり県別人口	○	採択	採択
【マクドナルド】国別店舗数	○	採択	採択
【広島カープ】広島年間観客収容率	○	棄却	棄却
【J リーグ】年間観客収容率 J	○	棄却	棄却
【P リーグ】年間観客収容率 P	○	棄却	棄却

例題の Excel 操作解説スライド一覧

ファイル名	使用データ
Excel 解説 0.1 Excel データ分析ツールの読み込み	―
Excel 解説 1.1 ヒストグラム	【英語 50】
Excel 解説 2.1 平均・分散・標準偏差	【英語 50】
Excel 解説 3.1 確率	【ワクチン】
Excel 解説 4.1 標準正規分布の確率	―
Excel 解説 4.2 一般的な正規分布の確率	【英語 50】
Excel 解説 6.1 母分散未知の標本平均の分布	【英語 20】
Excel 解説 6.2 t 分布の確率	【英語 20】
Excel 解説 6.3 小標本の平均の区間推定	【英語 20】
Excel 解説 6.4 大標本の平均の区間推定	【英語 50】
Excel 解説 7.1 小標本の平均の検定	【英語 20】
Excel 解説 7.2 大標本の平均の検定	【英語 50】
Excel 解説 8.1 分析ツールによる平均の差の検定（等分散）	【英語 50】
Excel 解説 8.4 分析ツールによる平均の差の検定	【英語 50】
Excel 解説 10.1 共分散と相関係数	【英語 50】
Excel 解説 10.2 相関係数の有意性の検定	【英語 50】
Excel 解説 11.1 グラフによる直線のあてはめ	【英語 50】
Excel 解説 11.2 最小二乗法	【英語 50】
Excel 解説 12.1 分散の区間推定	【英語 50】
Excel 解説 12.2 分散の検定	【英語 50】
Excel 解説 12.3 分散比の検定	【英語 50】
Excel 解説 12.5 分散比の両側検定	【英語 50】

（注）Windows と Mac で操作が大きく異なるものについては，ファイル名に「Mac」が追加された Excel 解説ファイルがある。
（注）同じ名前の「Excel 解答」という Excel ファイルがある。

第1章

記述統計 (1)
度数分布表・ヒストグラム

Outline

　統計学においては，集めたデータの全体を知るためにデータをまとめる（整理・要約する）ことが必要となる。データをまとめる方法として，視覚的・直観的に捉えやすい表現を用いるものと数値で表現するものがある。数値を用いない視覚的・直観的な方法では整理したデータを表の形で整理する度数分布表と，その度数分布表を図として視覚的に表現するヒストグラムが用いられる。

1.1　度数分布表

度数分布表ではまずデータをその数値によって範囲をいくつかに区切り，分類する。

- データを数値でいくつかに分類したそれぞれを**階級**という。
- 区切られた 1 つの階級の上限値と下限値の差を**階級幅**という。階級幅は等間隔にとられることが多いが，データの性質によっては異なる幅で分類する方が全体の様子がわかりやすい場合もある。階級の上限値と下限値に対して，その中央の値を**階級値**とよび，その階級を代表する値とする。
- それぞれの階級に含まれるデータの個数を**度数**という。
- 階級はおおよそ7〜10個程度に分けるのが見やすいが，階級数には特に決まりはない。少なすぎても多すぎてもデータについて知ることができないことに注意。スタージェスの公式なども参考として用いられる。

度数分布表は，上限値，下限値，階級値とともに書くことが多い。度数だけでなく，度数から計算される以下のような数値もいろいろな用途で使える。

- 相対度数$\cdots\dfrac{\text{度数}}{\text{データの総数}}$。各階級のデータが全体に占める割合を表す。
- 累積度数$\cdots$一番下の階級からその階級までの度数を足し合わせたデータの個数。
- 累積相対度数$\cdots$一番下の階級からその階級までの度数を足し合わせたデータが全体に占める割合。

1.2　ヒストグラム

　ヒストグラムは度数分布表を横軸にデータの数値（階級値），縦軸に度数をとってグラフにまとめたものであり，視覚的に表現されるのでデータの分布を把握しやすい。柱状グラフともよばれる。

　データの総数（標本数，サンプルサイズ）が増えるほど柱の高さが高くなるため，サンプルサイズの異なるデータの分布を比較する場合には度数の代わりに相対度数で表現する必要がある。

1.3　例題と問題

例題 1.1 : ヒストグラム【英語 50】

　1 年時の英語の点数の傾向を知るために，ヒストグラムを作成し検証しなさい。ただし，各階級の上限の値は，1) 24，2) 29，3) 34，4) 39，5) 44，6) 49，7) 54，8) それより大，とする。

【解答】

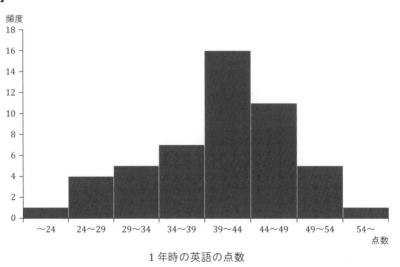

1 年時の英語の点数

　図より，最も頻度が高い階級は，　39–44 点 　①であることがわかる。また，この階級が　ほぼ中央　②に位置する。

【Excelアウトプット】

　上図と重複するため省略。「Excel解説 1.1 ヒストグラム」参照。

【例題補足】

　①本書では，作業を単純化するため，階級幅と階級の数については，問題中で指定している。（階級幅は，「下限（より大）～上限（以下）」を示す。）

　②ヒストグラムの分布の形状については，最も頻度が高い階級が右寄り，ほぼ中央，左寄りに位置しているかで，それぞれ「右に歪んでいる」・「左右対称」・「左に歪んでいる」というように表現する。

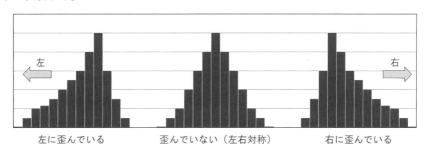

左に歪んでいる　　　　　　歪んでいない（左右対称）　　　　　　右に歪んでいる

問題1.1

（1）【エコカー】 エコカーの月間販売台数のヒストグラムを作成しなさい。ただし，各階級の上限の値は，1）10450，2）27550，3）44650，4）61750，5）78850，6）95950，7）113050，8）130150，9）それより大，とする。

（2）【コンビニ】 コンビニエンスストアの1店舗当たり年間販売額のヒストグラムを作成しなさい。ただし，各階級の上限の値は，1）185，2）190，3）195，4）200，5）それより大，とする。

（3）【スターバックス】 スターバックスの1店舗当たり県別人口のヒストグラムを作成しなさい。ただし，各階級の上限の値は，1）40，2）90，3）140，4）190，5）240，6）290，7）それより大，とする。

（4）【広島カープ】 広島年間観客収容率のヒストグラムを作成しなさい。ただし，各階級の上限の値は，1）42，2）50，3）58，4）66，5）74，6）82，7）それより大，とする。

解答欄

(1) 【エコカー】

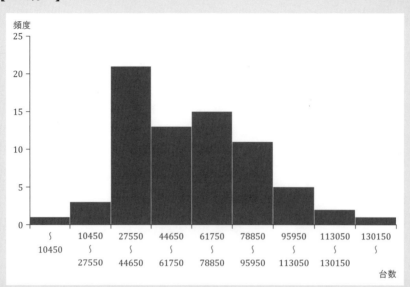

月間販売台数

　図より，最も頻度が高い階級は，□□□□□□□□□□であることがわかる。また，この階級が□□□□□に位置することから，分布は右に歪んでいるといえる。

(2) 【コンビニ】

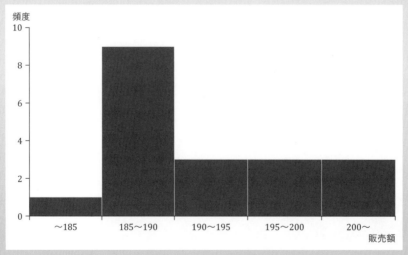

1店舗当たりの年間販売額

　図より，最も頻度が高い階級は，□□□□□であることがわかる。また，この階級が□□□□□に位置することから，分布は右に歪んでいるといえる。

(3)【スターバックス】

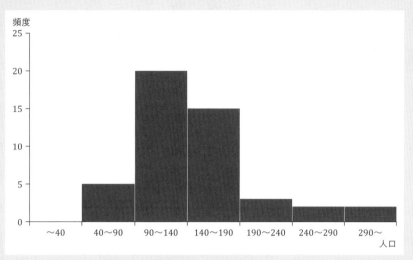

1 店舗当たりの県別人口

　図より，最も頻度が高い階級は，□□□□□□であることがわかる。また，この階級が□□□□に位置することから，分布は右に歪んでいるといえる。

(4)【広島カープ】

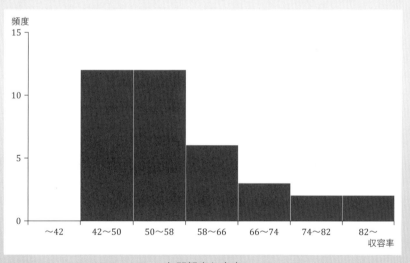

年間観客収容率

　図より，最も頻度が高い階級は，□□□□□□□□であることがわかる。また，この階級が□□□□に位置することから，分布は右に歪んでいるといえる。

演習問題

演習1　応用　以下のデータの傾向を知るために，ヒストグラムを作成しなさい。階級数と階級幅は各自で決めなさい。

（1）【コンビニ】コンビニエンスストアの収益率

（2）【マクドナルド】店舗変化数，もしくは，店舗変化率

（3）【広島カープ】ポストシーズンを含む合計年間観客収容率

第2章
記述統計 (2)
代表値・散らばりの尺度

Outline

　第1章で紹介した度数分布表，ヒストグラムが視覚的にデータを表現していることに対し，数値でデータの全体をまとめて表す統計的指標としてデータの中心を表すものとデータの散らばり具合を示すものがある。観測されたデータの中心的な位置を表す数値は代表値と呼ばれ，平均，中央値，最頻値などがよく用いられる。また，データが上の代表値の周りにどれくらいばらついて存在しているかを表す散らばりの尺度として，分散，標準偏差をはじめとして範囲や四分位範囲などが用いられる。

2.1 代表値：中心の位置

代表値はデータの中心の位置を表すための数値である。

● **平均（算術平均）**

　最もよく使われる**平均** $\bar{x}$ は，以下の式で計算される。n 個の観測データ $x_1, x_2, \cdots, x_n$ に対して

$$\bar{x} = \frac{x_1 + x_2 + \cdots + x_n}{n} = \frac{1}{n}\sum_{i=1}^{n} x_i$$

● **中央値（メディアン）**

　データを値が小さい順に並べ直したとき真ん中の順番にあたる値を**中央値**という。

● **最頻値（モード）**

　度数分布において最大の度数をもつ階級の階級値を**最頻値**という。

　上に挙げたものの他に，幾何平均・調和平均もあるので，データの性質によって使い分ける。

2.2　散らばりの尺度

● **範囲**

　最大値と最小値の差（データの幅）を **範囲** という。

● **平均絶対偏差**

　平均との差の絶対値について平均を考えたものを **平均絶対偏差** という。

$$平均絶対偏差 = \frac{1}{n} \sum_{i=1}^{n} |x_i - \bar{x}|$$

　散らばりを表す指標の一つだが，絶対値を含むため，数学的な扱いなどが不便。

● **分散**（**不偏標本分散**）

　平均との差（偏差）の二乗和の平均のことを **分散** という。ただし，実用上，推定・検定に用いる場合には以下の式のように $n-1$ で割る（**不偏標本分散**）。

$$s^2 = \frac{1}{n-1} \sum_{i=1}^{n} (x_i - \bar{x})^2$$

　単位も2乗となるため，散らばりを元のデータの単位で考える際に適さない。

● **標準偏差**

　分散の正の平方根を **標準偏差** という。（測定単位が元のデータと同じとなる。）

$$s = \sqrt{s^2}$$

● **四分位範囲**

　データを値が小さい順に並べ直したとき全体の25％，50％，75％の順番の数値をそれぞれ第1，第2，第3四分位点という。第3四分位点と第1四分位点の差が **四分位範囲** である。（四分位範囲を2で割ったものを四分位偏差とよぶこともある。）

● **十分位数，百分位数**

　四分位数を一般化した **十分位数**，**百分位数**（パーセンタイル）も使われる。

2.3　例題と問題

┌─ 例題2.1：平均・分散・標準偏差【英語50】─────────

　1年時の英語の点数について，平均，分散，標準偏差を計算しなさい。

【解答】平均 $\bar{x} = \boxed{41}$，分散 $s^2 = \boxed{58.327}$，標準偏差 $s = \boxed{7.637}$。

　以上から，

┌┄┄┄┄┄┄┄┄┄┄┄┄┄┄┄┄┄┄┄┄┄┄┄┄┄┄┄┄┄┄┄┐
┆　　　平均は41であり，おおよそ±7.637の範囲に分布している　　　┆
└┄┄┄┄┄┄┄┄┄┄┄┄┄┄┄┄┄┄┄┄┄┄┄┄┄┄┄┄┄┄┄┘

ことがわかる。

【Excelアウトプット】

「Excel解説2.1 平均・分散・標準偏差」参照。

英語の点数（1年時）	
平均	41
標準誤差	1.08006
中央値（メジアン）	42
最頻値（モード）	42
標準偏差	7.63718
分散	58.3265
尖度	-0.20554
歪度	-0.32099
範囲	34
最小	24
最大	58
合計	2050
データの個数	50

【例題補足】

平均，分散，標準偏差は，それぞれ

$$\bar{x} = \frac{1}{n}\sum_{i=1}^{n} x_i = \boxed{41}$$

$$s^2 = \frac{1}{n-1}\sum_{i=1}^{n}(x_i - \bar{x})^2 = \boxed{58.327}$$

$$s = \sqrt{s^2} = \boxed{7.637}$$

となる。以上から，平均は41であり，おおよそ±7.637の範囲に分布していることがわかる。

問題2.1[†]

以下のデータの平均，分散，標準偏差を計算しなさい。

(1) 【エコカー】エコカーの月間販売台数

(2) 【コンビニ】コンビニエンスストアの1店舗当たりの年間販売額

(3) 【スターバックス】スターバックスの1店舗当たりの県別人口

(4) 【マクドナルド】2012年の国別店舗数

(5) 【広島カープ】広島年間観客収容率

(6) 【Jリーグ】 Jリーグの年間観客収容率

(7) 【Pリーグ】 プレミアリーグの年間観客収容率

解答欄

(1) 【エコカー】 平均 $\bar{x}=$ ＿＿＿＿＿＿，分散 $s^2=$ ＿＿＿＿＿＿，標準偏差 $s=$
＿＿＿＿＿＿。

以上から，

＿＿＿＿＿＿＿＿＿＿＿＿＿＿＿＿＿＿＿＿＿＿＿＿＿＿

ことがわかる。

(2) 【コンビニ】 平均 $\bar{x}=$ ＿＿＿＿＿，分散 $s^2=$ ＿＿＿＿＿，標準偏差 $s=$
＿＿＿＿＿。

以上から，

＿＿＿＿＿＿＿＿＿＿＿＿＿＿＿＿＿＿＿＿＿＿＿＿＿＿

ことがわかる。

(3) 【スターバックス】 平均 $\bar{x}=$ ＿＿＿＿＿＿，分散 $s^2=$ ＿＿＿＿＿，標準偏差
$s=$ ＿＿＿＿＿。

以上から，

＿＿＿＿＿＿＿＿＿＿＿＿＿＿＿＿＿＿＿＿＿＿＿＿＿＿

ことがわかる。

(4) 【マクドナルド】 平均 $\bar{x}=$ ＿＿＿＿＿，分散 $s^2=$ ＿＿＿＿＿＿，標準偏
差 $s=$ ＿＿＿＿＿。

以上から，

＿＿＿＿＿＿＿＿＿＿＿＿＿＿＿＿＿＿＿＿＿＿＿＿＿＿

ことがわかる。（マイナスの値が範囲に含まれていることから，極端に大きなデータ，
もしくは，小さなデータが存在している可能性がある。）

(5) 【広島カープ】 平均 $\bar{x}=$ ＿＿＿＿＿，分散 $s^2=$ ＿＿＿＿＿，標準偏差 $s=$
＿＿＿＿＿。

以上から，

ことがわかる。

(6) 【Jリーグ】 平均 $\bar{x}=$ ▢ ，分散 $s^2=$ ▢ ，標準偏差 $s=$ ▢ 。

以上から，

ことがわかる。

(7) 【Pリーグ】 平均 $\bar{x}=$ ▢ ，分散 $s^2=$ ▢ ，標準偏差 $s=$ ▢ 。

以上から，

ことがわかる。

演習問題

演習1 応用 以下のデータの平均，分散，標準偏差を計算しなさい。

(1) 【コンビニ】 コンビニエンスストアの収益率

(2) 【マクドナルド】 店舗変化数，もしくは，店舗変化率

(3) 【広島カープ】 ポストシーズンを含む合計年間観客収容率

第3章
確率のまとめ

Outline

　本章では高校数学でも学習している確率についてまとめる。不確定な状況で生じる結果を表現する際に確率が用いられる。和の公式，条件付確率と積の公式を排反や独立といった概念とともに確認する。

3.1　確率の性質

　ある事象（ものごと）の「起こりやすさ」を表すのが**確率**という概念である。事象は $A, B, \ldots$ のように大文字で表し，事象 A の起こる確率を $P(A)$，また事象 B の起こる確率は $P(B)$ と書くことにする。

　いま，2つの事象 A と B について，事象 A と事象 B の少なくとも一つが起こる確率（$P(A \cup B)$ と表す）と事象 A と事象 B が同時に起こる確率（$P(A \cap B)$ と表す）を考える。ただし，$P(A \cup B)$ は事象 A または事象 B が起こる確率といわれることもあるが，日常会話で用いられる「または」とは異なり，A と B の両方が起こっている場合も含まれている。また，$P(A \cap B)$ の「同時」というのは時間的に同じという意味ではなく，2つの事象 A と B がどちらも起こっているという意味である。なお，同時に起こらない事象のことを，互いに**排反**であるという。

●和の公式

　互いに排反な事象 A, B について，下のように表す。

$$P(A \cup B) = P(A) + P(B)$$

●条件付確率

　事象 B が起こったという条件のもとで事象 A が起こる確率（**条件付確率**）を下のように表す。

$$P(A|B) = \frac{P(A \cap B)}{P(B)} \tag{3.1}$$

ただし，$P(A \cap B)$ の「同時に」の意味と同様に，条件付確率 $P(A|B)$ において事象 B が起こったという条件のもとで事象 A が起こる事象の確率を考えている。日常的には事象 B が先に起こり，その後事象 A が起こることを表すが，確率論の世界では事象 A と事象 B の間の時間的先行については全く関係がないことに注意すること。よって，$P(B|A)$ も (3.1) 式の A と B をひっくり返して，下のように表される。

$$P(B|A) = \frac{P(B \cap A)}{P(A)} = \frac{P(A \cap B)}{P(A)}$$

特に，感覚的には時間が逆転しているような場合，すなわち事象 A が原因，事象 B が結果を表すような場合には条件付確率 $P(A|B)$ は結果 B に対して考えられるいくつかの原因のうち，原因が A である確率，「原因の確率」を表す。これは非常に有用であり，下のコラムに記した Bayes（ベイズ）の公式の形で知られている。

● 積の公式

事象 A, B が同時に起こる確率を下のように表す。

$$P(A \cap B) = P(A|B) \times P(B)$$

● 独　立

事象 A, B がそれぞれ起こるのに一方が他方に影響を与えないとき，事象 A, B は**独立**であるという。互いに独立な事象 A, B について，下のように表す。

$$P(A \cap B) = P(A) \times P(B)$$

コラム：Bayes（ベイズ）の公式

上で述べたように，条件付確率に関する重要な性質を表すものとして，Bayes（ベイズ）の公式がある。今，事象 A が起こっているとしよう。この事象 A の原因は事象 $B_1, B_2, \cdots, B_n$ のいずれかであるとする。つまり事象 $B_1, B_2, \cdots, B_n$ のうちどれかが引き金となって事象 A を引き起こしたと仮定する（前述と A, B の役割が逆になっていることに注意）。このとき，事象 A の原因が事象 B_1 であるような条件付確率は $P(B_1|A)$ と書ける。この $P(B_1|A)$ は以下のように求めることができる。

まず条件付確率 $P(B_1|A)$ は次のように書ける。

$$P(B_1|A) = \frac{P(B_1 \cap A)}{P(A)}$$

また事象 A と事象 $B_1, B_2, \ldots, B_n$ がそれぞれ同時に起こる確率は

$$P(B_1 \cap A), P(B_2 \cap A), \cdots, P(B_n \cap A)$$

である。これらの確率をすべて足し合わせると $P(A)$ になることに注意しよう。

$$P(B_1 \cap A) + P(B_2 \cap A) + \cdots + P(B_n \cap A) = P(A)$$

ここで得られた $P(A)$ を最初の式に代入すると

$$P(B_1|A) = \frac{P(B_1 \cap A)}{P(B_1 \cap A) + P(B_2 \cap A) + \cdots + P(B_n \cap A)}$$

となり，これを **Bayes の公式**という。

式展開を簡単にまとめると次のようになる。

$$P(B_1|A) = \frac{P(B_1 \cap A)}{P(A)}$$

$$P(A) = P(B_1 \cap A) + P(B_2 \cap A) + \cdots + P(B_n \cap A) \tag{3.2}$$

$$\therefore \quad P(B_1|A) = \frac{P(B_1 \cap A)}{P(B_1 \cap A) + P(B_2 \cap A) + \cdots + P(B_n \cap A)} \tag{3.3}$$

事象 $B_1, B_2, \ldots, B_n$ のいずれについても同様に計算できるので，$P(B_i|A)$ は (3.3) 式の B_1 を B_i に書き換えて，以下の形に書かれる。

$$P(B_i|A) = \frac{P(B_i \cap A)}{P(B_1 \cap A) + P(B_2 \cap A) + \cdots + P(B_n \cap A)}$$
$$= \frac{P(B_i \cap A)}{\sum_{k=1}^{n} P(B_k \cap A)}, \qquad\qquad i = 1, 2, \ldots, n$$

本文でも述べたように，Bayes の公式は一つ一つの原因から結果が生じる確率（条件付確率）が判明している状況において，結果が起こっているときに「原因の確率」を求めることができる。例えば，自動車の修理工場で故障の原因を探るときなどに有用な公式である。

3.2 例題と問題

例題 3.1：確率【ワクチン】

ある疾病 A のワクチンが開発された。その効果を検証するために 1000 人を追跡調査し，次のデータを得た。このときワクチンを接種した人のほうが発病率が低いかどうかを確率を用いて示しなさい。ただし，確率を求める際に，人数で求める方法と，条件付確率の定義式を用いた方法の 2 通りで確認しなさい。

	発病あり	発病なし	計（人）
ワクチン接種	100	500	600
ワクチン未接種	200	200	400
計（人）	300	700	1000

【解答】 まず，人数から直接計算をする。ワクチンを接種した人の中で発病する確率は $\boxed{100/600 = 0.167}$ として計算できる。発病する確率は，$\boxed{300/1000 = 0.3}$ となる。2 つを比較すると，ワクチンを接種した人のほうが発病率が $\boxed{\text{低いこと}}$ がわかる。

次に，条件付確率を使って計算する。ワクチンを接種して，かつ，発病する確率は $\boxed{0.1}$ である。ワクチンを接種している確率は $\boxed{0.6}$ である。この 2 つの確率から，ワクチンを接種した人の中で，発病する人の確率は，$\boxed{0.1/0.6 = 0.167}$ である。A を発病する確率は，ワクチンを接種しているかを考慮しなければ $\boxed{0.3}$ である。2 つを比較すると，ワクチンを接種した人のほうが発病率が $\boxed{\text{低いこと}}$ がわかる。

【Excel アウトプット】

「Excel 解説 3.1 確率」参照。

	A	B	C	D	E	F	G	H	I
1		発病あり	発病なし	合計			発病あり	発病なし	合計
2	ワクチン接種	100	500	600		ワクチン接種	100	500	600
3	ワクチン未接種	200	200	400		確率を算出	0.166667	0.833333	1
4	合計	300	700	1000					
5									
6	確率を算出								
7		発病あり	発病なし	合計			発病あり	発病なし	合計
8	ワクチン接種	0.1	0.5	0.6		公式から算出	0.166667	0.833333	1
9	ワクチン未接種	0.2	0.2	0.4					
10	合計	0.3	0.7	1					
11									

【例題補足】

例題の解答では無関係な確率も算出していることに注意されたい。

問題 3.1

以下について確率を算出して検証しなさい。ただし，確率を求める際に，人数で求める方法と，条件付確率の定義式を用いた方法の2通りで確認しなさい。

（1）【交通事故】 20代以下の自動車乗車中の交通事故での死亡者数は他の年代よりも高いか。

解答欄

（1）【交通事故】 まず，人数から直接計算をする。20代以下の自動車乗車中の交通事故での死亡する確率は　　　　／　　　　＝　　　　として計算できる。自動車乗車中の交通事故死亡率は，　　　　／　　　　＝　　　　となる。2つを比較すると，20代以下のほうが確率が　　　　がわかる。

次に，条件付確率を使って計算する。20代以下，かつ，自動車事故で死亡する確率は　　　　である。20代以下の確率は　　　　である。この2つの確率から，　　　　／　　　　＝　　　　となる。年代を考慮しなければ　　　　である。この2つを比較すると，20代以下のほうが確率が　　　　がわかる。

演習問題

演習1　応用　以下について確率を算出して検証しなさい。ただし，確率を求める際に，人数で求める方法と，条件付確率の定義式を用いた方法の2通りで確認しなさい。

（**1**）【交通事故】　20代以下の歩行中の交通事故での死亡者数は他の年代よりも高いか。

（**2**）【交通事故】　60代以上とその他の年代でデータを再集計し，自動車乗車中の交通事故での死亡者数は他の年代よりも高いか。

第4章

確率分布

Outline

　不確定な状況において，ある現象が起こりうる結果を表す確率変数と確率変数がとりうる値の分布（確率分布）について紹介する。

　確率変数には離散型確率変数と連続型確率変数があり，ここでは離散型確率変数が従う分布として二項分布，連続型確率変数が従う分布として最もよく使われる正規分布について紹介する。

4.1　確率変数

　確率変数（Xで表す）とは起こりうる結果に確率あるいは確率密度関数が与えられて表現される変数である。

　離散型確率変数はとびとびの値をとり，**連続型確率変数**は連続的に値をとる。離散型確率変数のとりうる値の集合を $\{X_1, \ldots, X_k\}$，それぞれの値をとる確率（**確率分布**）を $P(X=X_i)=p_i$ とすると，離散型の期待値（μ：ミュー），分散（σ：シグマ）はそれぞれ以下の式で表される。

$$\mu = E(X) = \sum_{i=1}^{k} X_i p_i$$

$$\sigma^2 = V(X) = \sum_{i=1}^{k} (X_i - \mu)^2 p_i$$

　連続型確率変数 X の確率密度関数を $f(x)$ とすると，連続型の期待値，分散はそれぞれ積分記号を用いて以下の式で表される。

$$E(X) = \int_{-\infty}^{\infty} x f(x) dx$$

$$V(X) = \int_{-\infty}^{\infty} (x - \mu)^2 f(x) dx$$

4.2　二項分布

コイン投げの結果を一般化したものが**二項分布**である。ある事象が起こるか否かに関心があり，観測は毎回独立であるとする。また，その事象が起こる確率が常にpであるとする。このとき，n回の観測に対し，事象が起こった回数の分布を二項分布とよび，$Bi(n, p)$で表す。確率関数は，

$$f(x) = {}_nC_x p^x (1-p)^{n-x} \qquad x = 0, \ldots, n$$

で表され，平均はnp，分散は$np(1-p)$である。

ここで，${}_nC_x$はn個の異なるものの中からx個を選ぶ組合せの総数を表し，以下の式で計算される（$n!$はnの階乗$(n \times (n-1) \times (n-2) \times \cdots \times 2 \times 1)$を表す）。

$$_nC_x = \frac{n!}{x!(n-x)!}$$

4.3　正規分布

自然科学，社会科学ともに多く観察される事象の分布として**正規分布**が最も有名であり，統計学の理論において最も大きな役割を果たしている。

平均μ，分散σ^2である正規分布（$N(\mu, \sigma^2)$と書く）の確率密度関数は以下の式で表される。

$$f(x) = \frac{1}{\sqrt{2\pi\sigma^2}} \exp\left\{-\frac{(x-\mu)^2}{2\sigma^2}\right\}$$

平均と分散によって分布の形が特徴づけられる。正規分布は**標準化（基準化）**により平均0，分散1の標準正規分布（$N(0, 1)$と書く）に変換できる。標準化の公式は

$$Z = \frac{X - \mu}{\sigma}$$

である。確率計算においては標準正規分布の確率を用いる。Excelなどを用いない場合には標準正規分布の分布表が用いられる。

4.4　二項分布の正規近似

二項分布においてnが大きくなると，それぞれの結果が起こる確率は非常に小さくなってしまい，和を計算することも困難になる。しかしながら，二項分布$Bi(n, p)$はnが大きいとき，平均np，分散$np(1-p)$の正規分布で近似できることが経験的に知られ

ており，これらを利用して確率の計算をすると容易である。ただし，二項分布の確率変数 X は 0 または正の整数のみをとり，負の値をとらないことに注意して近似の計算をする必要がある。

4.5 例題と問題

例題4.1：標準正規分布の確率

　平均が 0，分散が 1 の標準正規分布に従う確率変数 Z について，両側が合わせて 5% となる点を求めなさい。

【解答】下側 2.5% の点は $\boxed{-1.96}$ となり，左右対称であることから，上側 2.5% の点は $\boxed{1.96}$ となる。

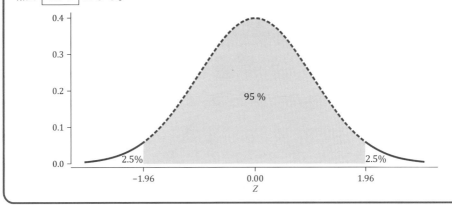

【Excelアウトプット】

「Excel解説 4.1 標準正規分布の確率」参照。

正規分布	平均	0
	標準偏差	1
	下側確率	0.025
	上側確率	0.025
	下側確率点	-1.95996
	上側確率点	1.959964

【例題補足】

　確率変数 Z が標準正規分布 $N(0,1)$ に従う（式で表せば $Z \sim N(0,1)$ となる）とき $P(Z < -\boxed{1.96}) + P(Z > \boxed{1.96}) = 0.05$。

問題4.1 [†]

平均が0，分散が1の標準正規分布について，以下の確率を求め図示しなさい。

(1) 下側10%となる点

(2) 下側5%となる点

(3) 下側1%となる点

(4) 両側合わせて10%となる点

(5) 両側合わせて1%となる点

解答欄

(1) 下側10%となる点は ☐

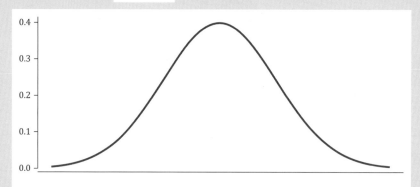

(2) 下側5%となる点は ☐

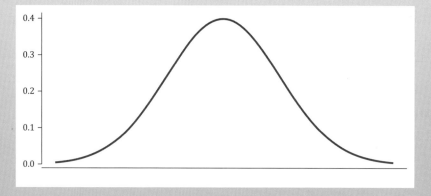

(3) 下側1%となる点は

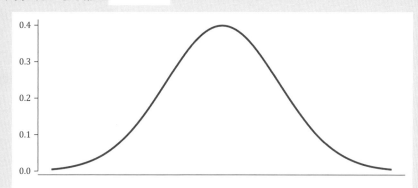

(4) 両側10%となる点は下側が　　　　　，上側が

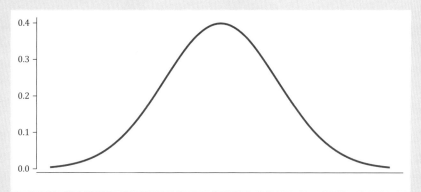

(5) 両側1%となる点は下側が　　　　　，上側は

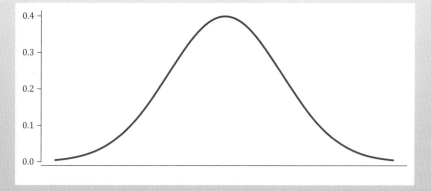

例題 4.2：一般的な正規分布の確率【英語 50】

平均が 40，標準偏差が 1.080（1 年時の英語の点数の標準誤差※の値）の正規分布に従う確率変数 X を考える。平均から 1.645 倍の標準偏差の距離だけ離れた X の値を求め，その値以下の確率を求めなさい。次に，平均が 0，分散が 1 の標準正規分布に従う確率変数 Z を考える。Z が平均から 1.645 倍の標準偏差の距離だけ離れた値以下となる確率を算出し，比較しなさい。

【解答】平均から 1.645 倍の標準偏差の距離だけ離れた X の値は $\boxed{41.777}$ となり，これ以下となる確率は，$\boxed{0.950}$ である。

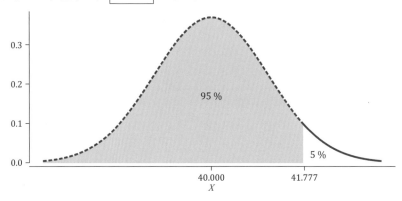

X は，95％の確率で 41.777 以下となるといえる。

平均が 0，分散が 1 の標準正規分布に従う確率変数 Z について，1.645 以下の値となる確率を求める。1.645 以下の値となる確率は $\boxed{0.950}$ となり，以下の図として表される。

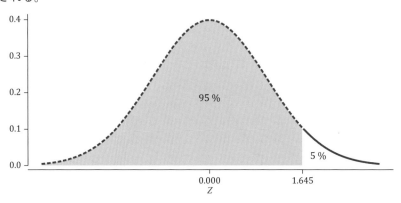

X の確率と等しい。

※この値の意味について詳しくは第 5 章を参照。本例では一つの数値例として考えて欲しい。

【Excel アウトプット】

「Excel 解説 4.2 一般的な正規分布の確率」参照。

	A	B	C	D	E	F
1	英語の点数（1年時）					
2						
3	平均	41			平均	40
4	標準誤差	1.08006			標準誤差	1.080
5	中央値（メジアン）	42				
6	最頻値（モード）	42			問題の数値	1.645
7	標準偏差	7.637181			平均＋標準誤差×上の値	41.777
8	分散	58.32653			その値以下の確率	0.950
9	尖度	-0.20554				
10	歪度	-0.32099				
11	範囲	34				
12	最小	24				
13	最大	58				
14	合計	2050				
15	データの個数	50				

【例題補足】

後述の，予測や検定の問題に役立てるためデータの値を利用した問題となっている。求めたい確率は，

$$P(X \leq 40 + 1.645 \times 1.080) = P\left(\frac{X - \boxed{40}}{\boxed{1.080}} \leq \frac{(40 + 1.645 \times 1.080) - \boxed{40}}{\boxed{1.080}}\right)$$

基準化された正規分布に従う変数は，標準正規分布 Z に従うことから，

$$P\left(\frac{X - \boxed{40}}{\boxed{1.080}} \leq \boxed{1.645}\right) = P(Z \leq \boxed{1.645}) = 0.950$$

問題 4.2[†]

正規分布に従う確率変数 X を考える。この X の平均は，下記の問題で指定されており，X の標準偏差は，データセットから算出された標準誤差の値と等しいとする。このとき，1.645 倍の標準誤差の距離だけ平均から離れた X の値を求め，次に，その値以下となる確率を求め図示しなさい。

(1) 【エコカー】X の平均は 61500，標準偏差は，エコカーの月間販売台数の標準誤差とする。

(2) 【スターバックス】X の平均は 150，標準偏差は，スターバックスの 1 店舗当たりの県別人口の標準誤差とする。

(3) 【マクドナルド】X の平均は 350，標準偏差は，2012 年の国別店舗数の標準誤差とする。

(4) 【広島カープ】Xの平均は 55，標準偏差は，広島年間観客収容率の標準誤差とする。

解答欄

例題と同様，標準正規分布に従う確率変数が 1.645 以下の値となる確率は　　　　　である。

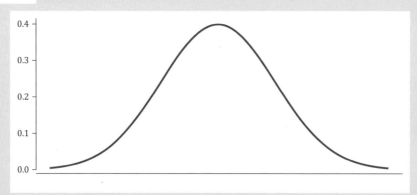

(1) 【エコカー】平均から 1.645 倍の標準偏差の距離だけ離れた X の値は　　　　　　　　となり，この確率は，標準正規分布に従う確率変数が 1.645 以下の値となる確率と同じ　　　　　である。

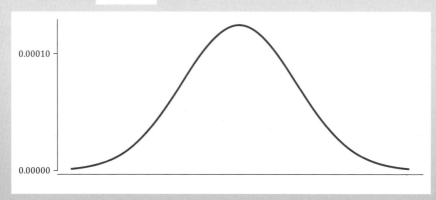

(2) 【スターバックス】平均から 1.645 倍の標準偏差の距離だけ離れた X の値は　　　　　　　となり，この確率は，標準正規分布に従う確率変数が 1.645 以下の値となる確率と同じ　　　　　である。

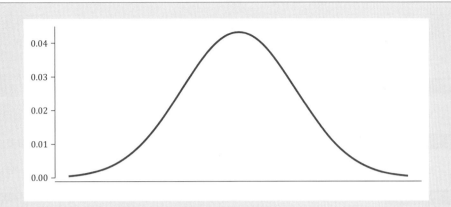

(3) 【マクドナルド】平均から 1.645 倍の標準偏差の距離だけ離れた X の値は
_____ となり，この確率は，標準正規分布に従う確率変数が 1.645 以下の値と
なる確率と同じ _____ である。

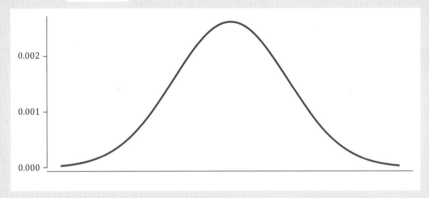

(4) 【広島カープ】平均から 1.645 倍の標準偏差の距離だけ離れた X の値は
_____ となり，この確率は，標準正規分布に従う確率変数が 1.645 以下の値と
なる確率と同じ _____ である。

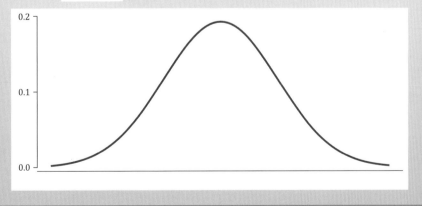

演習問題

演習1　応用　例題 4.1 の標準正規分布の図を A4 一枚にまとめなさい。

演習2　応用　X が標準正規分布 $N(0,1)$ に従うとき，2 より大きくなる確率を求めなさい。

演習3　応用　X が標準正規分布 $N(0,1)$ に従うとき，-2 より小さくなる確率を求めなさい。

演習4　応用　X が標準正規分布 $N(0,1)$ に従うとき，-2 より大きく，2 より小さくなる確率を求めなさい。

演習5　応用　X が $N(50,100)$ の正規分布に従うとき，60 以上となる確率を求めなさい。

第5章
標本分布

Outline

　推測統計において関心の対象となる母集団と，母集団から選ばれる標本について，さらに標本の標準的な選び方（抽出方法）について簡単にまとめる。また選ばれた標本の平均の確率分布に関する重要な定理を紹介する。

5.1　母集団と標本

　母集団とは興味をもっている対象全体，調べたいすべての対象のことである。しかし，すべての対象を調べることは時間や費用の問題から難しい。そこで，我々は母集団からいくつかの対象（**標本**）を選び，選ばれた標本の集団についてその性質を調べることで母集団の情報を得ることを考える。

　統計の理論において標本の選び方（抽出方法）はそれぞれの対象が選ばれる確率が等しくなるように抽出する。これを**無作為抽出**とよぶ。確率の言葉を用いると，標本として得られる確率変数がそれぞれ「独立に同一の分布に従う」という状況を表す。

5.2　標本平均の分布

　無作為抽出から得られた標本に基づいて得られた標本平均 $\bar{X}$ の分布のことを $\bar{X}$ の**標本分布**とよぶ。標本平均 $\bar{X}$ の分布の標準偏差のことを**標準誤差**とよぶ。

■ 正規母集団から抽出した標本平均の分布

　正規分布 $N(\mu, \sigma^2)$ から大きさ n の無作為標本を抽出したとき，標本平均 $\bar{X}$ の分布は $N(\mu, \dfrac{\sigma^2}{n})$ となる。

■ 大数の法則

　独立に同一の分布から抽出した標本について標本の大きさ n が大きくなるほど，標本平均 $\bar{X}$ は母集団の平均 μ に近づくことが示されている。これを**大数の法則**という。

■ 中心極限定理

　非正規母集団から大きさ n の無作為標本を抽出したとき，標本平均 $\bar{X}$ の分布について以下の重要な性質，**中心極限定理**が成り立つ。

「平均 μ，分散 σ^2 の正規分布でない母集団から抽出した大きさ n の無作為標本の標本平均の分布は，n が大きくなるほど正規分布 $N(\mu, \dfrac{\sigma^2}{n})$ に近づく。」

5.3　例題と問題

┌─ 例題5.1：母分散既知の標本平均の分布【英語50】─────────

　1年時の英語の点数について標本平均が従う正規分布の平均と標準誤差を答えなさい。ただし，ここでは母集団の英語の平均点は40点，母集団の分散は58.327 とわかっているものとする。学生の人数は50人とする。

【解答】1年時の英語の点数の標本平均は，平均が　40　，標準誤差が　1.080　の正規分布に従う。英語の点数そのものの標準偏差よりも，標本平均の標準誤差が小さくなっていることが確認できた。

└────────────────────────────────────

【Excelアウトプット】

　「Excel解説2.1平均・分散・標準偏差」再掲。

英語の点数（1年時）	
⊕	
平均	41
標準誤差	1.08006
中央値（メジアン）	42
最頻値（モード）	42
標準偏差	7.63718
分散	58.3265
尖度	-0.20554
歪度	-0.32099
範囲	34
最小	24
最大	58
合計	2050
データの個数	50

【例題補足】

　1年時の英語の点数を X とすると，$\bar{X} \sim N(40, 1.080^2)$。また，母集団の平均 μ は，標本平均 $\bar{X}$ と等しくはならない。

問題5.1

　以下のデータの標本平均が従う正規分布の平均と標準誤差を答えなさい。ただし，母集団の分散は，データから計算された標準偏差と等しいと仮定する。

（1）【エコカー】 エコカーの月間販売台数。母集団の月間販売台数の平均が 61500 とわかっているものとする。

（2）【スターバックス】 スターバックスの1店舗当たりの県別人口。母集団の平均は 150 とわかっているものとする。

（3）【マクドナルド】 2012 年の国別店舗数。母集団の平均は 350 とわかっているものとする。

（4）【広島カープ】 広島年間観客収容率。母集団の平均は 55 とわかっているものとする。

解答欄

（1）【エコカー】 エコカーの月間販売台数の標本平均は，平均が ＿＿＿＿＿，標準誤差が ＿＿＿＿＿ の正規分布に従う。

（2）【スターバックス】 スターバックスの1店舗当たりの県別人口の標本平均は，平均が ＿＿＿＿＿，標準誤差が ＿＿＿＿＿ の正規分布に従う。

（3）【マクドナルド】 2012 年の国別店舗数の標本平均は，平均が ＿＿＿＿＿，標準誤差が ＿＿＿＿＿ の正規分布に従う。

（4）【広島カープ】 広島年間観客収容率の標本平均は，平均が ＿＿＿＿＿，標準誤差が ＿＿＿＿＿ の正規分布に従う。

演習問題

演習1　応用　以下のデータの標本平均が従う正規分布の平均と標準誤差を答えなさい。ただし，母集団の分散は，データから計算された標準偏差と等しいと仮定する。

(**1**)　【コンビニ】　コンビニエンスストアの収益率

(**2**)　【マクドナルド】　店舗変化数，もしくは，店舗変化率

(**3**)　【広島カープ】　ポストシーズンを含む合計年間観客収容率

第6章
推　定

Outline

　正規分布における平均 μ や分散 σ^2 など母集団の確率分布を特徴づけるものを**母数**（**パラメータ**）とよぶ。この母数についてどのような値をとるのかについて推し量ることを**推定**という。推定には**点推定**と**区間推定**の2種類がある。関心のある母数に対して，点推定は1つの値を提示し，区間推定ではある区間に入る確率が一定の値を満たすような区間を提示する。区間推定においてはその区間は母数の標本分布がどのようなものであるかによって定まる。

6.1　点推定

- 母平均 μ の点推定値は標本平均 $\bar{X}$ である。
- 二項分布の母集団割合 p の点推定値は標本割合 $\hat{p} = \dfrac{X}{n}$ である。X は n 回の観測で関心の事象の起こった回数であり，ベルヌーイ試行の n 個の確率変数の和 $X = \sum_{i=1}^{n} X_i$ である。ベルヌーイ試行とは，起こり得る結果が2つしかない試行（例えば，成功確率 p の1回のコイン投げ）のことである。詳しくは他のテキストを参照のこと。
- 母分散 σ^2 の点推定値は不偏標本分散 s^2 である。

　上の $\bar{X}$, $\hat{p}$, s^2 は不偏性と一致性を満たす。詳しくは他のテキストを参照のこと。

6.2　区間推定

　推定したい母数の真の値がある一定の確率で含まれる区間（**信頼区間**）を決定する。この確率を**信頼係数**といい，$100(1-\alpha)\%$ と表す。信頼係数には 90%，95%，99% を用いることが多い。

■ 母平均の区間推定

母集団分布を，正規分布に仮定する場合（正規母集団）とそうでない場合（非正規母集団）に分けて考える。

正規母集団の場合

- 正規母集団 $N(\mu, \sigma^2)$ から大きさ n の無作為標本を抽出するとき，既知の分散 σ^2 に対して母平均 μ の $100(1-\alpha)$%信頼区間は，標準正規分布の上側 100α%点を z_α と表すと $\bar{X}$ の分布は $N(\mu, \frac{\sigma^2}{n})$ であるので，以下のように表される。

$$\left[\bar{X} - z_\alpha \frac{\sigma}{\sqrt{n}}, \bar{X} + z_\alpha \frac{\sigma}{\sqrt{n}} \right]$$

$[a, b]$ は $a \leq \mu \leq b$ を表す。

- 母分散 σ^2 が未知の場合，自由度 $n-1$ の t 分布の上側 100α%点を $t_\alpha(n-1)$ と表すと $\bar{X}$ は自由度 $n-1$ の t 分布に従うので，母平均 μ の $100(1-\alpha)$%信頼区間は，以下のように表される。

$$\left[\bar{X} - t_\alpha(n-1) \frac{s}{\sqrt{n}}, \bar{X} + t_\alpha(n-1) \frac{s}{\sqrt{n}} \right]$$

自由度 ν の t 分布 $t(\nu)$ は 0 を中心に左右対称の確率分布である（ν：ニュー）。標準正規分布 $N(0,1)$ に似た形をしているが，標準正規分布より裾が重い分布であり，自由度 ν を大きくすると標準正規分布に近づく。

非正規母集団，大標本の場合

確率変数 X の分布が正規分布に従っていない場合でも標本の大きさが十分に大きい場合は中心極限定理により近似的に正規分布に従うことを利用して近似的な信頼区間を求めることができる。母平均 μ の $100(1-\alpha)$%信頼区間は，以下のように表される。

$$\left[\bar{X} - z_\alpha \frac{s}{\sqrt{n}}, \bar{X} + z_\alpha \frac{s}{\sqrt{n}} \right]$$

■ 母集団割合の信頼区間

二項分布 $Bi(n, p)$ に従う確率変数 X に対して n が十分大きいとき $\hat{p} = \frac{X}{n}$ は近似的に正規分布に従うので，母集団割合 p の近似的な $100(1-\alpha)$%信頼区間は，以下のように表される。

$$\left[\hat{p} - z_\alpha \frac{s}{\sqrt{n}}, \hat{p} + z_\alpha \frac{s}{\sqrt{n}} \right]$$

ここで，$\frac{s}{\sqrt{n}}$ は $\sqrt{\frac{\hat{p}(1-\hat{p})}{n}}$ を用いる。

6.3　例題と問題

例題6.1：母分散未知の標本平均の分布【英語20】

　1年時の英語の点数について基準化された標本平均が従うt分布の自由度を答えなさい。

【解答】1年時の英語の点数の標本平均は，データの数から，自由度 19 のt分布に従う。

【Excelアウトプット】

「Excel解説6.1 母分散未知の標本平均の分布」参照。

	A	B	C
1	英語の点数（1年時）		
2			
3	平均	29.5	
4	標準誤差	1.573631	
5	中央値（メジアン）	32	
6	最頻値（モード）	32	
7	標準偏差	7.037494	
8	分散	49.52632	
9	尖度	-0.55177	
10	歪度	-0.72382	
11	範囲	23	
12	最小	16	
13	最大	39	
14	合計	590	
15	データの個数	20	
16			

問題6.1

　以下のデータについて基準化された標本平均が従うt分布の自由度を求めなさい。

（1）【コンビニ】1店舗当たりの年間販売額

（2）【Jリーグ】年間観客収容率（比率の推定ではない）

（3）【Pリーグ】年間観客収容率（比率の推定ではない）

解答欄

（1）【コンビニ】データの数$n＝19$より，自由度　　　　のt分布に従う。

（2）【Jリーグ】データの数$n＝18$より，自由度　　　　のt分布に従う。

（3）【Pリーグ】 データの数 $n=20$ より，自由度 ⬚ の t 分布に従う。

例題 6.2：t 分布の確率【英語 20】

　1 年時の英語の点数について基準化された標本平均が従う t 分布の下側 2.5％点と上側 2.5％点（合わせて両側 2.5％点）を求め図示しなさい。

【解答】 1 年時の英語の点数の標本平均は，データの数から，自由度 19 の t 分布に従う。下側 2.5％点は -2.093 ，上側 2.5％点は左右対称であることから 2.093 となる。

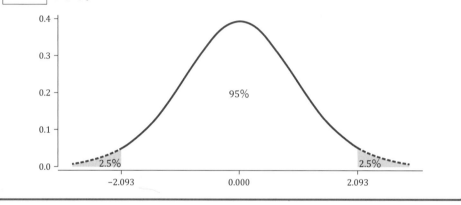

【Excel アウトプット】

「Excel 解説 6.2　t 分布の確率」参照。

	A	B	C	D	E
1	英語の点数（1年時）				
2					
3	平均	29.5			
4	標準誤差	1.57363			
5	中央値（メジアン）	32			
6	最頻値（モード）	32			
7	標準偏差	7.03749			
8	分散	49.5263			
9	尖度	-0.55177		自由度	19
10	歪度	-0.72382			
11	範囲	23		上側確率	0.025
12	最小	16		下側確率	0.025
13	最大	39			
14	合計	590		下側確率点	-2.09302
15	データの個数	20		上側確率点	2.09302

【例題補足】

　式で表せば，

$$t = \frac{\bar{X} - \mu}{\sqrt{s^2/n}} \sim \boxed{t(19)}$$

確率は，$P(t \leq - \boxed{2.093}) + P(\boxed{2.093} \leq t) = 0.05$。中心部分の確率は $P(- \boxed{2.093} \leq t \leq \boxed{2.093}) = 0.95$ と表せる。

問題6.2 †

　以下のデータについて基準化された標本平均が従うt分布の両側2.5%点を求め図示しなさい。

(1) 【コンビニ】 1店舗当たりの年間販売額

(2) 【Jリーグ】 年間観客収容率（割合の推定ではない）

(3) 【Pリーグ】 年間観客収容率（割合の推定ではない）

解答欄

(1) 【コンビニ】 データの数$n=19$より，自由度 ⬚ のt分布に従う。下側2.5%点は ⬚ ，上側2.5%点は左右対称であることから ⬚ となる。

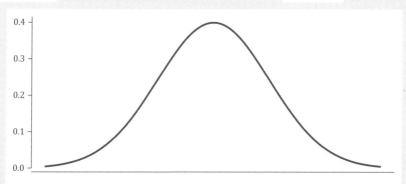

(2) 【Jリーグ】 データの数$n=18$より，自由度 ⬚ のt分布に従う。下側2.5%点は ⬚ ，上側2.5%点は左右対称であることから ⬚ となる。

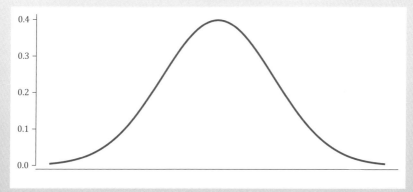

（3）【Pリーグ】 データの数 $n=20$ より，自由度 ▢ の t 分布に従う。下側 2.5% 点は ▢ ，上側 2.5% 点は左右対称であることから ▢ となる。

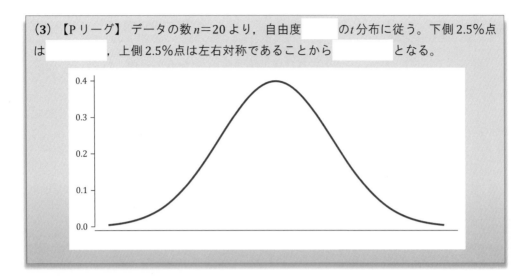

┌─ 例題 6.3：小標本の平均の区間推定【英語 20】 ──────

　1 年時の英語の点数について信頼係数 95% として，以下のデータの平均を予測しなさい。

【解答】 Excel の関数を使用して，信頼区間の幅を求める。μ の 95% 信頼区間は，

$$\boxed{29.5} - \boxed{3.294} \leq \mu \leq \boxed{29.5} + \boxed{3.294}$$

より， $\boxed{26.206} \leq \mu \leq \boxed{32.794}$ である。したがって，1 年時の英語の点数の母平均を 1 つの数値で予測した場合は $\boxed{29.5}$ となり，母平均を区間をもって予測すれば，95% の確率で，

> 　　　　$26.206 \leq \mu \leq 32.794$ のいずれかの値となる

ことがわかる。
└─────────────────────────────────

【Excel アウトプット】

　「Excel 解説 6.3 小標本の平均の区間推定」参照。

	A	B	
1	英語の点数（1年時）		
2			
3	平均	29.5	
4	標準誤差	1.573631	
5	中央値（メジアン）	32	
6	最頻値（モード）	32	
7	標準偏差	7.037494	
8	分散	49.52632	
9	尖度	-0.55177	
10	歪度	-0.72382	
11	範囲	23	
12	最小	16	
13	最大	39	
14	合計	590	
15	データの個数	20	
16			
17	平均の区間推定		
18	信頼係数	0.95	
19	信頼区間の幅	3.293648	
20	区間推定下限	26.20635	
21	区間推定上限	32.79365	

【例題補足】

基準化された標本平均は

$$t = \frac{\bar{X} - \mu}{\sqrt{s^2/n}} \sim \boxed{t(19)}$$

この分布では $P(-2.093 \leq t \leq 2.093) = 0.95$ を満たし，

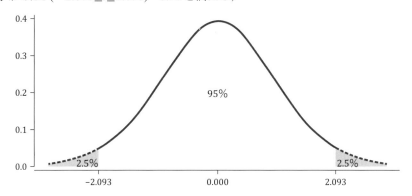

ここで，

$$P\left(-2.093 \leq \frac{\bar{X} - \mu}{\sqrt{s^2/n}} \leq 2.093 \right) = 0.95$$

したがって，μ の 95% 信頼区間は，

$$29.5 - 2.093 \sqrt{\frac{\boxed{49.526}}{\boxed{20}}} \leq \mu \leq 29.5 + 2.093 \sqrt{\frac{\boxed{49.526}}{\boxed{20}}}$$

問題6.3†

　信頼係数95%として，以下のデータの平均を予測しなさい。ただし，以下のデータはデータ数が少ないので，適切な自由度のt分布を用いなさい。

(1)　【コンビニ】　1店舗当たりの年間販売額

(2)　【Jリーグ】　年間観客収容率（割合の推定ではない）

(3)　【Pリーグ】　プレミアリーグの収容率の年間観客収容率（割合の推定ではない）

解答欄

　Excelの関数を使用して，信頼区間の幅を求める。

(1)　【コンビニ】　μの95%の信頼区間は，

$$\boxed{} - \boxed{} \leq \mu \leq \boxed{} + \boxed{}$$

より，　$\boxed{} \leq \mu \leq \boxed{}$　である。

　したがって，年間販売額の母平均を1つの数値で予測した場合は$\boxed{}$となり，母平均を区間をもって予測すれば，95%の確率で，

$$\boxed{}$$

ことがわかる。

(2)　【Jリーグ】　μの95%の信頼区間は，

$$\boxed{} - \boxed{} \leq \mu \leq \boxed{} + \boxed{}$$

より，　$\boxed{} \leq \mu \leq \boxed{}$　である。

　したがって，年間観客収容率の母平均を1つの数値で予測した場合は$\boxed{}$となり，母平均を区間をもって予測すれば，95%の確率で，

$$\boxed{}$$

ことがわかる。

(3)　【Pリーグ】　μの95%の信頼区間は，

$$\boxed{} - \boxed{} \leq \mu \leq \boxed{} + \boxed{}$$

より，　$\boxed{} \leq \mu \leq \boxed{}$　である。

　したがって，年間観客収容率の母平均を1つの数値で予測した場合は　　　　　と

なり，母平均を区間をもって予測すれば，95%の確率で，

ことがわかる。

例題6.4：大標本の平均の区間推定【英語50】

　1年時の英語の点数について信頼係数95%として平均を予測しなさい。データ数が大きいため，標準正規分布を利用しなさい。

【解答】 Excelの関数を使用して，信頼区間の幅を求める。μ の95%信頼区間は，

$$\boxed{41}-\boxed{2.117}\leq\mu\leq\boxed{41}+\boxed{2.117}$$

より，$\boxed{38.883}\leq\mu\leq\boxed{43.117}$ である。

　したがって，母平均を1つの数値で予測した場合は $\boxed{41}$ となり，母平均を区間をもって予測すれば，95%の確率で，

$$38.883\leq\mu\leq43.117 \text{ のいずれかの値となる}$$

ことがわかる。

【Excelアウトプット】

「Excel解説6.4 大標本の平均の区間推定」参照。

	A	B	C
1	英語の点数（1年時）		
2			
3	平均	41	
4	標準誤差	1.08006	
5	中央値（メジアン）	42	
6	最頻値（モード）	42	
7	標準偏差	7.637181	
8	分散	58.32653	
9	尖度	-0.20554	
10	歪度	-0.32099	
11	範囲	34	
12	最小	24	
13	最大	58	
14	合計	2050	
15	データの個数	50	
16			
17	平均の区間推定		
18	信頼係数	0.95	
19	信頼区間の幅	2.117	
20	区間推定下限	38.883	
21	区間推定上限	43.117	
22			

【例題補足】

　母集団の分散が未知で，n が大きいので基準化された標本平均は，

$$Z = \frac{\bar{X} - \mu}{\sqrt{s^2/n}} \sim N(0, 1)$$

ここで，$P(-c \leq Z \leq c) = 0.95$ を満たす c は $c = 1.96$ となる。

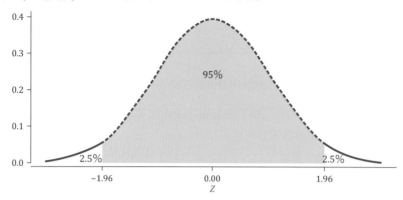

以上から，

$$P(-1.96 \leq Z \leq 1.96) = 0.95$$

$$P(-1.96 \leq \frac{\bar{X} - \mu}{\sqrt{s^2/n}} \leq 1.96) = 0.95$$

信頼区間は，

$$41 - 1.96 \sqrt{\frac{\boxed{58.327}}{\boxed{50}}} \leq \mu \leq 41 + 1.96 \sqrt{\frac{\boxed{58.327}}{\boxed{50}}}$$

問題6.4[†]

　信頼係数95%として，以下のデータの平均を予測しなさい。データ数が大きいため，正規分布を利用しなさい。

（1）【エコカー】　月間販売台数

（2）【スターバックス】　1店舗当たりの県別人口

（3）【マクドナルド】　2012年の国別店舗数

（4）【広島カープ】　年間観客収容率

解答欄

（1）【エコカー】μ の95%信頼区間は，

　　　　　　　　　－　　　　　　　　$\leq \mu \leq$　　　　　　　　＋

より，　　　　　　　　　$\leq \mu \leq$　　　　　　　　　　である。

　したがって，月間販売台数の母平均を 1 つの数値で予測した場合は　　　　　　　　　　となり，母平均を区間をもって予測すれば，95%の確率で，

ことがわかる。

(2)【スターバックス】μ の 95%信頼区間は，

$$　　　　　　　-　　　　　\leq \mu \leq　　　　　　+　　　　$$

より，　　　　　　　$\leq \mu \leq$　　　　　　である。

　したがって，1 店舗当たり県別人口の母平均を 1 つの数値で予測した場合は　　　　　　　　　　となり，母平均を区間をもって予測すれば，95%の確率で，

ことがわかる。

(3)【マクドナルド】μ の 95%信頼区間は，

$$　　　　　　　-　　　　　\leq \mu \leq　　　　　　+　　　　$$

より，　　　　　　　$\leq \mu \leq$　　　　　　である。

　したがって，2012 年の国別店舗数の母平均を 1 つの数値で予測した場合は　　　　　　　　　　となり，母平均を区間をもって予測すれば，95%の確率で，

ことがわかる。

(4)【広島カープ】μ の 95%信頼区間は，

$$　　　　　　　-　　　　　\leq \mu \leq　　　　　　+　　　　$$

より，　　　　　　　$\leq \mu \leq$　　　　　　である。

　したがって，広島年間観客収容率の母平均を 1 つの数値で予測した場合は　　　　　　　　　　となり，母平均を区間をもって予測すれば，95%の確率で，

ことがわかる。

演習問題

演習1　応用　以下のデータの平均を，適切な自由度のt分布を用いて，信頼係数95%として予測しなさい。

（1）【コンビニ】　コンビニエンスストアの収益率

（2）【マクドナルド】　店舗変化数，もしくは，店舗変化率

（3）【広島カープ】　ポストシーズンを含む合計年間観客収容率

第7章

仮説検定

Outline

検定は**仮説検定**ともよばれており，推定と同様に統計的手法において非常に重要な考え方であるが，推定とは異なり，分析者が主張したいことを**仮説**として立て，その仮説を正しいものとして認められるか確率的な判断を行うものである。検定の考え方は少し複雑であり，正しく理解して使うためには理論を確認するとともに，実際に演習問題に取り組んで身につけることが肝要であろう。

本章で紹介する以外の検定も同様の考え方で構成されている。

7.1 検定とは

検定では推定と同様に確率変数の母数に関する問題を考えるが，推定とは異なり，まず仮説を立てて，その仮説を正しいと考えうるかどうか確率に基づいて判断をする。検定において，仮説を正しいと判断することを**仮説を採択する**といい，正しくないと判断することを**仮説を棄却する**という。

まず検定の中心となる仮説（**帰無仮説**とよび，H_0 で表す）とそれに対立する仮説（**対立仮説**とよび，H_1 で表す）の2つを考える。これら2つの仮説は同時に成り立つことはない。したがって，検定によって判断する際，2つの仮説についてそれぞれ誤り（過誤）を犯す可能性があり，次にその誤りについてまとめる。

■2種類の過誤

検定の結果，2つの仮説のうち1つを正しいものとして判断すると，起こりうる誤りには2つの場合がある。帰無仮説が正しいときに帰無仮説を棄却してしまう（対立仮説を採択する）誤りを**第1種の過誤**とよび，帰無仮説が正しくないときに帰無仮説を採択してしまう（対立仮説を棄却する）誤りを**第2種の過誤**とよぶ。

誤りを犯すことは望ましくないが，それぞれの誤りを犯す2つの確率を同時に小さくすることはできない。帰無仮説は間違って棄却することを避けたい中心的な仮説であり，

まず2つの確率のうち第1種の過誤を犯す確率をある一定の値以下に抑えることを考える。この確率を α で表し，**有意水準**とよぶ。5%を基準に，1%，10%を用いることもある。（第2種の過誤を犯す確率は上の範囲内でなるべく小さくなるようにする必要があるが，本書で学習する検定の方法ではその条件は満たされているので安心して用いてよい。）

■検定の方法

有意水準に基づいて帰無仮説が正しいかどうか判断することは，すなわち標本から得られる変数の観測値が有意水準より小さい確率でしか起こらないことが起こっている場合には帰無仮説を棄却するということである。帰無仮説が棄却される変数の範囲を**棄却域**とよぶ。また，棄却域を定める境界の数値を**臨界値**という。

検定の考え方は，帰無仮説が棄却されるかどうかを有意水準を定めて判断することである。したがって，仮説は採択される場合も仮説が正しいことが示されたわけではないことに注意する必要がある。（消極的な意味で採択されるので，その意味を強調するため本書では**「帰無仮説を棄却しない」**という表現を用いたい。）

標本分布から構成され，帰無仮説の下で導出される検定のための統計量を**検定統計量**という。

7.2　平均の検定

正規母集団からの標本に対して**母平均**の検定を行う方式を考える。

母分散が既知の正規母集団から大きさ n の無作為標本を抽出したとき，母平均の検定は以下のように構成される。

関心のある変数 X がとると考えられている値 μ_0 に対して帰無仮説は $H_0 : \mu = \mu_0$，対立仮説は，$H_1 : \mu \neq \mu_0$（μ_0 でない値をとる），$H_1 : \mu > \mu_0$（μ_0 より大きい），$H_1 : \mu < \mu_0$（μ_0 未満である）のいずれかとなる。

それぞれの対立仮説に対応して，**両側検定**，**右片側検定**，**左片側検定**とよぶ。

母分散が既知，未知の場合，それぞれについて検定統計量と検定方式，棄却域は以下のとおりである。

■母分散が既知の場合

標本平均 $\bar{X}$ の分布は正規分布 $N(\mu, \frac{\sigma^2}{n})$ であるから，帰無仮説の下での検定統計量 $Z = \frac{\bar{X} - \mu_0}{\sigma / \sqrt{n}}$ は標準正規分布に従う。有意水準は α とする。

● 両側検定

○ $H_0 : \mu = \mu_0$　$H_1 : \mu \neq \mu_0$

○ 検定統計量　$Z = \frac{\bar{X} - \mu_0}{\sigma / \sqrt{n}} \sim N(0, 1)$

○ 棄却域　$|Z| > z_{\alpha/2}$

- 右片側検定

  - $H_0 : \mu = \mu_0 \quad H_1 : \mu > \mu_0$
  - 検定統計量 $\quad Z = \dfrac{\bar{X} - \mu_0}{\sigma/\sqrt{n}} \sim N(0, 1)$
  - 棄却域 $\quad Z > z_\alpha$

- 左片側検定

  - $H_0 : \mu = \mu_0 \quad H_1 : \mu < \mu_0$
  - 検定統計量 $\quad Z = \dfrac{\bar{X} - \mu_0}{\sigma/\sqrt{n}} \sim N(0, 1)$
  - 棄却域 $\quad Z < -z_\alpha$

■母分散が未知の場合

有意水準を α とする。

- 両側検定

  - $H_0 : \mu = \mu_0 \quad H_1 : \mu \neq \mu_0$
  - 検定統計量 $\quad t = \dfrac{(\bar{X} - \mu_0)}{s/\sqrt{n}} \sim t(n-1)$
  - 棄却域 $\quad |t| > t_{\alpha/2}(n-1)$

- 右片側検定

  - $H_0 : \mu = \mu_0 \quad H_1 : \mu > \mu_0$
  - 検定統計量 $\quad t = \dfrac{(\bar{X} - \mu_0)}{s/\sqrt{n}} \sim t(n-1)$
  - 棄却域 $\quad t > t_\alpha(n-1)$

- 左片側検定

  - $H_0 : \mu = \mu_0 \quad H_1 : \mu < \mu_0$
  - 検定統計量 $\quad t = \dfrac{(\bar{X} - \mu_0)}{s/\sqrt{n}} \sim t(n-1)$
  - 棄却域 $\quad t < -t_\alpha(n-1)$

t 分布の自由度が大きいときは標準正規分布を用いて近似してもよい。

7.3 割合の検定

　大標本の場合，二項分布 $Bi(n, p)$ からの標本平均の分布は正規分布 $N(np, np(1-p))$ で近似できるので，二項分布の母数である割合（成功確率）p について以下のように検定を構成することができる。標本割合 $\hat{p} = \dfrac{\bar{X}}{n}$ の分布は正規分布 $N(p, \dfrac{p(1-p)}{n})$ に従う。有意水準を α とする。

- 両側検定

  - $H_0 : p = p_0 \quad H_1 : p \neq p_0$
  - 検定統計量 $\quad Z = \dfrac{\hat{p} - p_0}{\sqrt{\hat{p}(1-\hat{p})/n}} \sim N(0, 1)$
  - 棄却域 $\quad |Z| > z_{\alpha/2}$

●右片側検定

○ $H_0 : p = p_0$ $H_1 : p > p_0$

○検定統計量 $Z = \dfrac{\hat{p} - p_0}{\sqrt{\hat{p}(1-\hat{p})/n}} \sim N(0, 1)$

○棄却域 $Z > z_\alpha$

●左片側検定

○ $H_0 : p = p_0$ $H_1 : p < p_0$

○検定統計量 $Z = \dfrac{\hat{p} - p_0}{\sqrt{\hat{p}(1-\hat{p})/n}} \sim N(0, 1)$

○棄却域 $Z < -z_\alpha$

■検定を行う際の注意

仮説（帰無仮説，対立仮説）と有意水準は分析者の恣意性を排除するため，観測値によらず，事前の情報のみに基づいて決定すること。

7.4 例題と問題

本節の問題は，次章の，「分析ツールによる平均の差の検定」よりも，Excel操作が難しい。次章の P 値を用いた仮説検定を先に行ってから，本節に戻ることも一案である。

┌─ 例題7.1：小標本の平均の検定【英語20】 ─────────

　1年時の英語の平均点が，目標点35点と異なるか。有意水準を5％として棄却域を図示し，両側検定を行いなさい。

【解答】検定したい仮説は，

$$H_0 : \boxed{\mu = 35} \qquad H_1 : \boxed{\mu \neq 35}$$

自由度 $\boxed{19}$ の t 分布の有意水準5％の棄却域の臨界値は $\boxed{\pm 2.093}$ 。

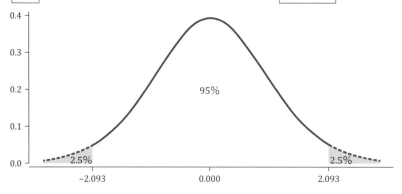

データから $t^* = \boxed{-3.495 < -2.093}$ であるので帰無仮説を $\boxed{\text{棄却する}}$ 。以上から，1年時の英語の平均点が35点と

> 異なるといえる 。

【Excel アウトプット】

「Excel 解説 7.1 小標本の平均の検定」参照。

	A	B	C
1	英語の点数（1 年時）		
2			
3	平均	29.5	
4	標準誤差	1.573631	
5	中央値（メジアン）	32	
6	最頻値（モード）	32	
7	標準偏差	7.037494	
8	分散	49.52632	
9	尖度	-0.55177	
10	歪度	-0.72382	
11	範囲	23	
12	最小	16	
13	最大	39	
14	合計	590	
15	データの個数	20	
16			
17	1 変量の仮説検定		
18	H0: =	35	
19			
20	t 値	-3.4951	
21	有意水準	0.05	
22	棄却域の臨界点	2.093	

【例題補足】

以下に数式を省略しない解答を記載する。仮説は，

$$H_0 : \mu = 35 \qquad H_1 : \mu \neq 35$$

帰無仮説の下で，母集団の分散が未知なので，$n = 20$ より，

$$t = \frac{\bar{X} - \boxed{35}}{\sqrt{s^2/n}} \sim t(\boxed{19})$$

自由度 $\boxed{19}$ の t 分布の有意水準 5% の棄却域の臨界値は

$$P(-2.093 \leq t \leq 2.093) = 0.95$$

より ±2.093。

データより，検定統計量の実現値（観測値）は，

$$t^* = \frac{\bar{x} - 35}{\sqrt{s^2/n}} = \frac{29.5 - 35}{\sqrt{\boxed{49.526}/20}} = \frac{29.5 - 35}{\boxed{1.574}} = -3.495$$

$t^* = -3.495 < -2.093$ であるので帰無仮説を棄却する。

問題 7.1[†]

　以下のデータの平均について，有意水準を 5% として棄却域を図示し，検定を行いなさい。ただし，検定に用いる仮説は問題ごとに異なるので注意すること。データ数が少ないので，適切な自由度の t 分布を用いること。

(1)【Jリーグ】 Jリーグの年間観客収容率は，目標値の 0.90 と異なるか。（両側検定）

(2)【Pリーグ】 プレミアリーグの年間観客収容率は，目標値の 0.90 と異なるか。（両側検定）

(3)【スターバックス】 政令指定都市のある 16 地域（東京都を含む）の 1 店舗当たりの県別人口（人口/店舗数）は，160 人よりも少ないといえるか。（片側検定）

(4)【コンビニ】 2007 年以前の 1 店舗当たりの年間販売額（単位：百万円）は，目標販売額 200 万円と異なるか。（両側検定）

(5)【広島カープ】 CS 開始前の年間観客収容率は 70% と異なるか。（両側検定）

解答欄

(1)【Jリーグ】 検定したい仮説は，

$$H_0: \qquad\qquad H_1: \qquad\qquad$$

自由度 　　　 の t 分布の有意水準 5% の棄却域の臨界値は 　　　　　　。

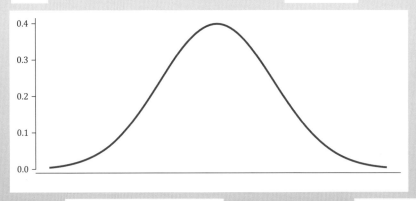

データから $t^* =$ 　　　　　　　　　　 であるので帰無仮説を 　　　　　　。
以上から，Jリーグの収容率は，目標値の 0.90 と

(2)【Pリーグ】 検定したい仮説は,

$$H_0: \boxed{} \qquad H_1: \boxed{}$$

自由度 $\boxed{}$ の t 分布の有意水準 5% の棄却域の臨界値は $\boxed{}$ 。

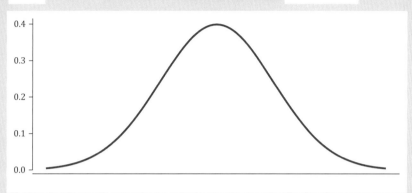

データから, $t^* = \boxed{}$ であるので帰無仮説を $\boxed{}$ 。
以上から, プレミアリーグの収容率は, 目標値の 0.90 と

$$\boxed{}$$

(3)【スターバックス】 検定したい仮説は,

$$H_0: \boxed{} \qquad H_1: \boxed{}$$

自由度 $\boxed{}$ の t 分布の有意水準 5% の棄却域の臨界値は $\boxed{}$ 。

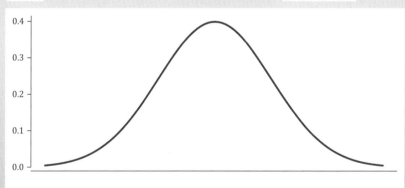

データから, $t^* = \boxed{}$ であるので帰無仮説を $\boxed{}$ 。
以上から, 政令指定都市のある 16 地域（東京都を含む）の 1 店舗当たりの県別人口
（人口/店舗数）は, 160 よりも

$$\boxed{}$$

（**4**）【コンビニ】 検定したい仮説は，

$$H_0: \boxed{} \qquad H_1: \boxed{}$$

自由度 $\boxed{}$ の t 分布の有意水準5%の棄却域の臨界値は $\boxed{}$ 。

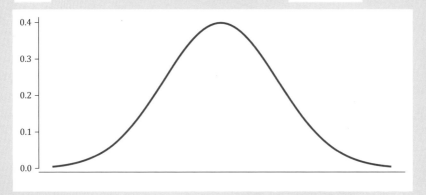

データから，$t^* = \boxed{}$ であるので帰無仮説を $\boxed{}$ 。

以上から，2007年以前の1店舗当たりの年間販売額は，目標販売額200万円と

$$\boxed{}$$

（**5**）【広島カープ】 検定したい仮説は，

$$H_0: \boxed{} \qquad H_1: \boxed{}$$

自由度 $\boxed{}$ の t 分布の有意水準5%の棄却域の臨界値は $\boxed{}$ 。

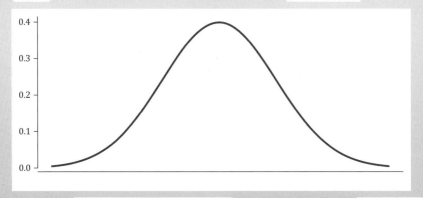

データから，$t^* = \boxed{}$ であるので帰無仮説を $\boxed{}$ 。

以上から，CS開始前の年間観客収容率は，70%と

$$\boxed{}$$

┌─ 例題7.2：大標本の平均の検定【英語50】 ─────────

1年時の英語の平均点が，目標点35点と異なるか，有意水準を5%として棄却域を図示し，両側検定を行いなさい。データ数が多いので，検定には標準正規分布を用いること。

【解答】検定したい仮説は，

$$H_0: \boxed{\mu = 35} \qquad H_1: \boxed{\mu \neq 35}$$

標準正規分布を用いる場合，有意水準5%の棄却域の臨界値は $\boxed{\pm 1.96}$ となる。

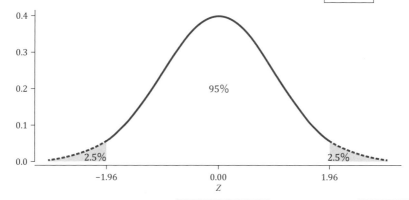

データから，検定統計量の値は $z=$ $\boxed{5.555 < -1.96}$ より帰無仮説を $\boxed{\text{棄却する}}$。

以上から，1年時の英語の平均点が目標点35点と

┌─────────────────────────────────┐
│　　　　　　　　異なるといえる　　　　　　　　│
└─────────────────────────────────┘ 。

└──────────────────────────────────

【Excelアウトプット】

「Excel解説7.2 大標本の平均の検定」参照。

	A	B	C
1	英語の点数（1年時）		
2			
3	平均	41	
4	標準誤差	1.08006	
5	中央値（メジアン）	42	
6	最頻値（モード）	42	
7	標準偏差	7.637181	
8	分散	58.32653	
9	尖度	-0.20554	
10	歪度	-0.32099	
11	範囲	34	
12	最小	24	
13	最大	58	
14	合計	2050	
15	データの個数	50	
16			
17	1変量の仮説検定		
18	H0:=	35	
19			
20	t 値	5.555	
21	有意水準	0.05	
22	棄却域の臨界点(t分布)	2.009575	
23	正規分布の臨界点	1.959964	

【例題補足】

　数式を省略しない解答は以下となる。仮説は，

$$H_0 : \mu = 35 \qquad H_1 : \mu \neq 35$$

帰無仮説の下で，母集団の分散が未知なので，$n = 50$ より，

$$Z = \frac{\bar{X} - \boxed{35}}{\sqrt{s^2/n}} \sim N(0, 1)$$

標準正規分布の有意水準5%の両側検定の棄却域の臨界値は

$$P(-1.96 \leq Z \leq 1.96) = 0.95$$

より ± 1.96。データより，検定統計量の実現値は，

$$z = \frac{41 - \boxed{35}}{\sqrt{\dfrac{\boxed{58.327}}{50}}} = \frac{41 - \boxed{35}}{\boxed{1.080}} = 5.555$$

$z = 5.555 > 1.96$ であるので帰無仮説を棄却する。

問題7.2[†]

　以下のデータの平均について，有意水準を5%として検定を行いなさい。ただし，検定に用いる仮説は問題ごとに異なるので注意すること。データ数が多いので，検定には標準正規分布を用い，棄却域の臨界値は ± 1.96 を用いること。

（1）【エコカー】　前期の販売台数は，目標の80000台と異なるか。（両側検定）

（2）【マクドナルド】　2012年の国別店舗数は目標値300と異なるか。（両側検定）

解答欄

（1）【エコカー】　検定したい仮説は，

H_0：⬚　　　　　H_1：⬚

データから，検定統計量の値は $z=$⬚ より帰無仮説を

⬚。以上から，前期の販売台数は，後期の販売台数と

⬚。

（2）【マクドナルド】　検定したい仮説は，

H_0：⬚　　　　　H_1：⬚

データから，$z=$⬚ より帰無仮説を⬚。以上から，

2012年の国別店舗数は，目標値300と

⬚。

演習問題

演習1　応用　以下の検定を行いなさい。有意水準は5%とする。データの数に注意して，検定に使う分布を標準正規分布もしくは t 分布から選択しなさい。

（1）【コンビニ】　2007年以前のコンビニエンスストアの収益率は目標販売額200万円と異なるか。（両側検定）

（2）【広島カープ】　CS開始前のポストシーズンを含む合計年間観客収容率は70%と異なるか。（両側検定）

第8章

二標本検定

Outline

　検定において2つの母集団の違いに注目する問題を扱うことも多い。2つの母集団の違いに関する検定を**二標本検定**とよぶ。本章では特に，2つの母集団の母平均に差があるかについての検定方式を確認する。

8.1 二標本検定

8.1.1 母平均の差の検定（$\sigma_1^2 = \sigma_2^2 = \sigma^2$ の場合）

　2つの正規母集団 $N(\mu_1, \sigma_1^2)$, $N(\mu_2, \sigma_2^2)$ からの無作為標本について未知の母分散が等しい（$\sigma_1^2 = \sigma_2^2 = \sigma^2$）場合の母平均の差の検定を考える。

　それぞれの母集団から m 個，n 個の無作為標本を抽出する。すなわち $X_i \sim N(\mu_1, \sigma_1^2)$, $i = 1, \ldots, m$, $Y_j \sim N(\mu_2, \sigma_2^2)$, $j = 1, \ldots, n$ とする。このとき，標本平均の差について

$$t = \frac{(\bar{X} - \bar{Y}) - (\mu_1 - \mu_2)}{s\sqrt{(1/m) + (1/n)}}$$

が自由度 $m+n-2$ の t 分布 $t(m+n-2)$ に従うことが知られている。ただし，それぞれの不偏標本分散 s_1^2, s_2^2 を用いて不偏標本分散 s^2 を

$$s^2 = \frac{1}{m+n-2}\left\{(m-1)s_1^2 + (n-1)s_2^2\right\}$$

で推定する。

　帰無仮説 $H_0 : \mu_1 = \mu_2$ の下での検定統計量は $t = \dfrac{\bar{X} - \bar{Y}}{s\sqrt{(1/m) + (1/n)}} \sim t(m+n-2)$ である。有意水準 α とする。

- ●両側検定
  - ○$H_0 : \mu_1 = \mu_2$　$H_1 : \mu_1 \neq \mu_2$
  - ○棄却域　$|t| > t_{\alpha/2}(m+n-2)$

● 右片側検定

　○ $H_0 : \mu_1 = \mu_2$　$H_1 : \mu_1 > \mu_2$

　○ 棄却域　$t > t_\alpha(m+n-2)$

● 左片側検定

　○ $H_0 : \mu_1 = \mu_2$　$H_1 : \mu_1 < \mu_2$

　○ 棄却域　$t < -t_\alpha(m+n-2)$

8.1.2　母平均の差の検定（$\sigma_1^2 \neq \sigma_2^2$ の場合）

2つの正規母集団 $N(\mu_1, \sigma_1^2)$，$N(\mu_2, \sigma_2^2)$ からの無作為標本について未知の母分散が等しくない（$\sigma_1^2 \neq \sigma_2^2$）場合でも標本の大きさが十分に大きいならば，以下のように母平均の差の検定を考えることができる。

それぞれの母集団から m 個，n 個の無作為標本を抽出する。すなわち $X_i \sim N(\mu_1, \sigma_1^2)$，$i=1,\ldots,m$，$Y_j \sim N(\mu_2, \sigma_2^2)$，$j=1,\ldots,n$ とする。

帰無仮説 $H_0 : \mu_1 = \mu_2$ の下で検定統計量 $t = \dfrac{\bar{X} - \bar{Y}}{\sqrt{(s_1^2/m) + (s_2^2/n)}}$ が近似的に自由度 ν^* の t 分布 $t(\nu^*)$ に従うことが知られている。ここで，ν^* は

$$\nu' = \frac{(s_1^2/m + s_2^2/n)^2}{(s_1^2/m)^2/(m-1) + (s_2^2/n)^2/(n-1)}$$

で計算される ν' に最も近い整数である。ν^* が大きい場合は，t 分布を標準正規分布で近似することも多い。以下の検定では，有意水準 α とする。

● 両側検定

　○ $H_0 : \mu_1 = \mu_2$　$H_1 : \mu_1 \neq \mu_2$

　○ 棄却域　$|t| > t_{\alpha/2}(\nu^*)$

● 右片側検定

　○ $H_0 : \mu_1 = \mu_2$　$H_1 : \mu_1 > \mu_2$

　○ 棄却域　$t > t_\alpha(\nu^*)$

● 左片側検定

　○ $H_0 : \mu_1 = \mu_2$　$H_1 : \mu_1 < \mu_2$

　○ 棄却域　$t < -t_\alpha(\nu^*)$

8.2 例題と問題

8.2.1 分析ツールによる平均の差の検定

例題8.1：分析ツールP値による平均の差の検定（等分散）【英語50】

　入学時と1年時の英語の点数について，有意水準を5%として平均の差の検定を行いなさい。その際に，比較する2つのデータの母集団の分散は等しいものと仮定しなさい。ただし，検定には，分析ツールに提示されるP値を用いなさい。

【解答】入学時と1年時の英語の点数を，それぞれXとYとする。検定したい仮説は，

$$H_0 : \boxed{\mu_1 = \mu_2} \qquad H_1 : \boxed{\mu_1 \neq \mu_2}$$

P値は，$P = \boxed{2.709 \times 10^{-7} < 0.05}$ より，有意水準5%でH_0を $\boxed{\text{棄却する}}$ 。以上から，入学時と1年時の英語の平均点は

> 異なるといえる

。

【Excelアウトプット】

「Excel解説8.1分析ツールによる平均の差の検定（等分散）」参照。

	A	B	C
1	t-検定: 等分散を仮定した2標本による検定		
2			
3		英語の点数（1年時）	英語の点数（入学時）
4	平均	41	31.84
5	分散	58.32653061	79.07591837
6	観測数	50	50
7	プールされた分散	68.70122449	
8	仮説平均との差異	0	
9	自由度	98	
10	t	5.525648299	
11	P(T<=t) 片側	1.35433E-07	
12	t 境界値 片側	1.660551217	
13	P(T<=t) 両側	2.70865E-07	
14	t 境界値 両側	1.984467455	

【例題補足】

　P値とは，有意水準よりも小さい値となるときに，帰無仮説を棄却することができる指標である。算出の仕方は，各自調べてみてほしい。ここで，等分散とは2つの母集団の分散が $\sigma_1^2 = \sigma_2^2$ という仮定をおいていることを示している。この仮定がない場合は後半の例題と問題で紹介する。

問題 8.1

　以下のデータを用いて，有意水準を 5% として平均の差の検定を行いなさい。その際に，比較する 2 つのデータの母集団の分散は等しいものと仮定しなさい。ただし，検定には，分析ツールに提示される P 値を用いなさい。

(1)【エコカー】 前期の販売台数は，後期の販売台数の平均と異なるか。（両側検定）

(2)【Jリーグ】 Jリーグとプレミアリーグで年間観客収容率は異なるか。（両側検定）

(3)【スターバックス】 政令指定都市のある 16 地域（東京都を含む）と，それ以外の地域では，1 店舗当たりの県別人口（人口/店舗数）の平均は異なるか。（片側検定）

(4)【コンビニ】 2007 年以前の 1 店舗当たりの年間販売額は，2008 年以降の 1 店舗当たりの年間販売額と異なるか。（両側検定）

(5)【広島カープ】 CS 開始後と比較して，開始前の年間観客収容率が低いか。（片側検定）

(6)【マクドナルド】 2007 年と 2012 年の国別店舗数は異なるか。（両側検定）

解答欄

(1)【エコカー】 前期を X，後期を Y とする。検定したい仮説は，

$$H_0 : \qquad H_1 : $$

　P 値は，$P=$ 　　　　　　　　　　　　より，有意水準 5% で H_0 を 　　　　　　。以上から，前期の販売台数は，後期の販売台数の平均と

　　　　　　　　　　　　　　　　　　　　　　　　　　　　　　　　　。

(2)【Jリーグ】 Jリーグを X，プレミアリーグを Y とする。検定したい仮説は，

$$H_0 : \qquad H_1 : $$

　P 値は $P=$ 　　　　　　　　　　　　から，有意水準 5% で H_0 を 　　　　　　。以上から，Jリーグとプレミアリーグで年間観客収容率は

（3）【スターバックス】 政令指定都市のある16地域（東京都を含む）を X，それ以外の地域を Y とする。検定したい仮説は，

$$H_0: \qquad H_1: $$

　P 値は $P=$ 　　　　　　　　　　　から，有意水準 5% で H_0 を　　　　　。
以上から，1店舗当たりの県別人口の平均は，2つの地域で

　

（4）【コンビニ】 2007年以前の1店舗当たりの販売額を X，2008年以降を Y とする。検定したい仮説は，

$$H_0: \qquad H_1: $$

　P 値は $P=$ 　　　　　　　　　　　より，H_0 を有意水準 5% で　　　　　。
以上から，2007年以前の1店舗当たりの年間販売額は，2008年以降と

　

（5）【広島カープ】 CS開始前を X，CS開始後を Y とする。検定したい仮説は，

$$H_0: \qquad H_1: $$

　P 値は，$P=$ 　　　　　　　　　　　より，H_0 を有意水準 5% で　　　　　。
以上から，CS開始後と比較して，開始前の年間観客収容率が

　

（6）【マクドナルド】 検定したい仮説は，

$$H_0: \qquad H_1: $$

　P 値は，$P=$ 　　　　　　　　　　　より，H_0 を有意水準 5% で　　　　　。
以上から，2007年と2012年の国別店舗数は

例題8.2：分析ツールt値による平均の差の検定（等分散）【英語50】

　　入学時と1年時の英語の点数について，有意水準を5%として棄却域を図示し，平均の差の検定を行いなさい。その際に，比較する2つのデータの母集団の分散は等しいものと仮定しなさい。ただし，検定は，分析ツールの結果に表示されている棄却域の臨界値を使用して行いなさい。

【解答】入学時と1年時の英語の点数を，それぞれXとYとする。検定したい仮説は，

$$H_0 : \boxed{\mu_1 = \mu_2} \qquad H_1 : \boxed{\mu_1 \neq \mu_2}$$

有意水準5%の棄却域の臨界値は $\boxed{\pm 1.984}$ となる。

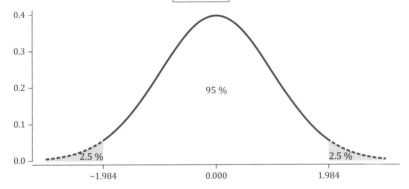

検定統計量の値は，$t^* = \boxed{5.526 > 1.984}$ より，有意水準5%でH_0を $\boxed{\text{棄却する}}$。以上から，入学時と1年時の英語の平均点は

$$\boxed{\text{異なるといえる}}$$ 。

P値を用いたときと同じ結論となっている。

【Excelアウトプット】

「Excel8.1 分析ツールによる平均の差の検定（等分散）」再掲。

	A	B	C
1	t-検定: 等分散を仮定した2標本による検定		
2			
3		英語の点数（1年時）	英語の点数（入学時）
4	平均	41	31.84
5	分散	58.32653061	79.07591837
6	観測数	50	50
7	プールされた分散	68.70122449	
8	仮説平均との差異	0	
9	自由度	98	
10	t	5.525648299	
11	P(T<=t) 片側	1.35433E-07	
12	t 境界値 片側	1.660551217	
13	P(T<=t) 両側	2.70865E-07	
14	t 境界値 両側	1.984467455	

【例題補足】

　数式を省略しない解答は以下となる。仮説は

$$H_0 : \mu_1 = \mu_2 \qquad H_1 : \mu_1 \neq \mu_2$$

帰無仮説の下で，検定統計量は $m = n = 50$ より自由度 $\boxed{98}$ の t 分布に従い，

$$t = \frac{\bar{X} - \bar{Y}}{s\sqrt{(1/m) + (1/n)}} \sim t(98)$$

有意水準5%の棄却域の臨界値は，

$$P(-1.984 \leq t \leq 1.984) = 0.95$$

より，± 1.984 となる。データから，検定統計量の値は，

$$s^2 = \frac{1}{m+n-2} \left(\sum_{i=1}^{m}(x_i - \bar{x})^2 + \sum_{i=1}^{n}(y_i - \bar{y})^2 \right) = \boxed{68.701}$$

$$t^* = \frac{\boxed{41.000} - \boxed{31.840}}{s\sqrt{\left(1/\boxed{50}\right) + \left(1/\boxed{50}\right)}} = 5.526$$

$t^* = 5.526 > 1.984$ より，有意水準5%で H_0 を棄却する。

問題8. 2 [†]

　以下のデータを用いて，有意水準を5%として棄却域を図示し，平均の差の検定を行いなさい。その際に，比較する2つのデータの母集団の分散は等しいものと仮定しなさい。ただし，検定には，分析ツールの結果に表示されている棄却域の臨界値を使用して行いなさい。

(1)【エコカー】 前期の販売台数は，後期の販売台数の平均と異なるか。(両側検定)

(2)【Jリーグ】 Jリーグとプレミアリーグで年間観客収容率は異なるか。(両側検定)

(3)【スターバックス】 政令指定都市のある16地域(東京都を含む)と，それ以外の地域では，1店舗当たりの県別人口(人口/店舗数)の平均は異なるか。(片側検定)

(4)【コンビニ】 2007年以前の1店舗当たりの年間販売額は，2008年以降の1店舗当たりの年間販売額と異なるか。(両側検定)

（5）【広島カープ】 CS 開始後と比較して，開始前の年間観客収容率が低いか。（片側検定）

（6）【マクドナルド】 2007 年と 2012 年の国別店舗数は異なるか。（両側検定）

解答欄

（1）【エコカー】 前期を X，後期を Y とする。検定したい仮説は，

$$H_0 : \boxed{} \qquad H_1 : \boxed{}$$

有意水準 5% の棄却域の臨界値は $\boxed{}$ となる。

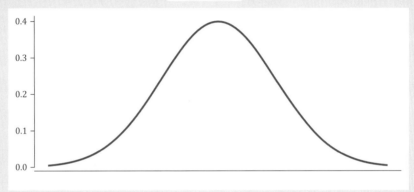

検定統計量の値は，$t^* = \boxed{}$ より，有意水準 5% で H_0 を $\boxed{}$。以上から，前期の販売台数は，後期の販売台数の平均と $\boxed{}$。

（2）【Jリーグ】 Jリーグを X，プレミアリーグを Y とする。検定したい仮説は，

$$H_0 : \boxed{} \qquad H_1 : \boxed{}$$

有意水準 5% の棄却域の臨界値は $\boxed{}$。

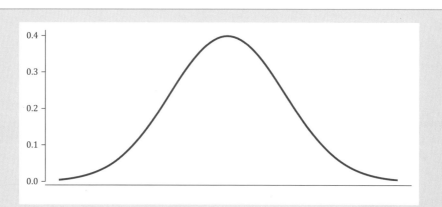

データから，検定統計量の値は　$t^* =$ 　　　　　　　　であるので H_0 を有意水準5%で　　　　　　　。以上から，Jリーグとプレミアリーグで年間観客収容率は

　　　　　　　　　　　　　　　　　　　　　　　　　　　　　　　　　　　。

(3)【スターバックス】 政令指定都市のある16地域（東京都を含む）を X, それ以外の地域を Y とする。検定したい仮説は，

$$H_0 : \qquad\qquad H_1 : \qquad\qquad$$

有意水準5%の棄却域の臨界値は　　　　　　　。

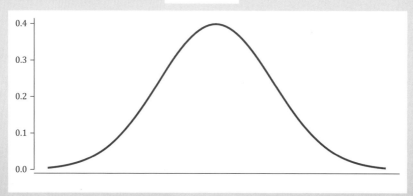

データから，検定統計量の値は $t^* =$ 　　　　　　　　であるので H_0 を有意水準5%で　　　　　　　。以上から，1店舗当たりの県別人口の平均は，2つの地域で

　　　　　　　　　　　　　　　　　　　　　　　　　　　　　　　　　　　。

(4)【コンビニ】 2007年以前の1店舗当たりの販売額を X, 2008年以降を Y とする。検定したい仮説は，

H_0：[　　　　　] 　　　H_1：[　　　　　]

有意水準5%の棄却域の臨界値は [　　　　　]。

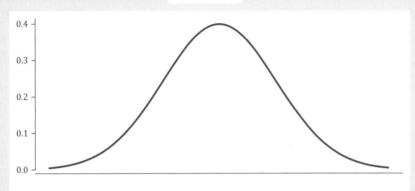

データから，検定統計量の値は $t^* =$ [　　　　　　　　　] であるので H_0 を
有意水準5%で [　　　　　]。以上から，2007年以前の1店舗当たりの年間販売額は，
2008年以降と

[　　　　　　　　　　　　　　　　　　　　　　　　　　　　　　　]。

(5)【広島カープ】CS開始前を X，CS開始後を Y とする。検定したい仮説は，

H_0：[　　　　　] 　　　H_1：[　　　　　]

有意水準5%の棄却域の臨界値は [　　　　　]。

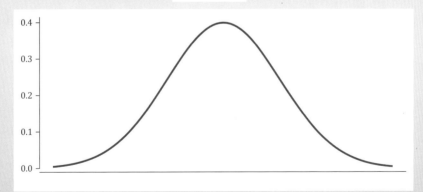

データから，検定統計量の値は $t^* =$ [　　　　　　　　　] であるので H_0 を
有意水準5%で [　　　　　]。以上から，CS開始後と比較して，開始前の年間観客
収容率が

[　　　　　　　　　　　　　　　　　　　　　　　　　　　　　　　]。

(6)【マクドナルド】 検定したい仮説は,

H_0：　　　　　　　　　　　　H_1：

有意水準5%の棄却域の臨界値は　　　　　　。

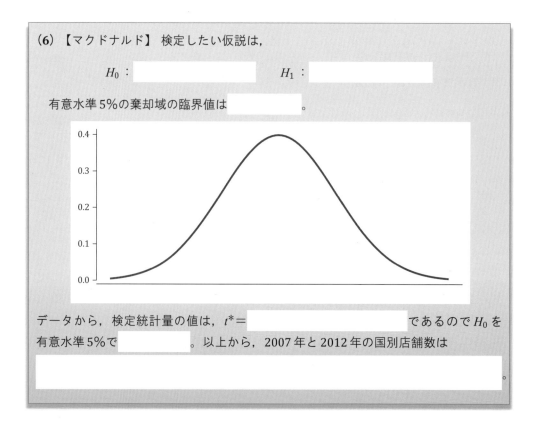

データから, 検定統計量の値は, $t^* =$　　　　　　　　　　　　　　であるので H_0 を有意水準5%で　　　　　　。以上から, 2007年と2012年の国別店舗数は

┌─ **例題 8.3：正規近似を用いた平均の差の検定（等分散）【英語 50】**

　　1年時の英語の点数が, 入学時と異なるか, 平均の差の検定を行いなさい。標本の数が大きいので, 標準正規分布を利用して検定を行いなさい。

【解答】 入学時と1年時の英語の点数を, それぞれ X と Y とする。検定したい仮説は,

$$H_0 : \boxed{\mu_1 = \mu_2} \qquad H_1 : \boxed{\mu_1 \neq \mu_2}$$

帰無仮説の下で, 検定統計量は標準正規分布に従う。有意水準5%の棄却域の臨界値は $\boxed{\pm 1.96}$ となる。

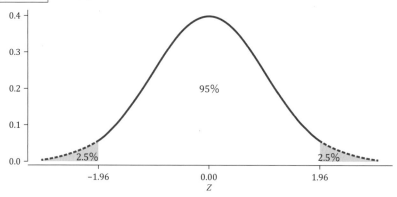

データから，検定統計量の値は $z=$ | 5.526＞1.96 | であるので H_0 を有意水準 5% で

| 棄却する |。以上から，1 年時の英語の平均点数と入学時の平均点は

異なるといえる

。

【Excel アウトプット】

「Excel8.1 分析ツールによる平均の差の検定（等分散）」再掲。

	A	B	C
1	t-検定: 等分散を仮定した 2 標本による検定		
2			
3	✎	英語の点数（1 年時）	英語の点数（入学時）
4	平均	41	31.84
5	分散	58.32653061	79.07591837
6	観測数	50	50
7	プールされた分散	68.70122449	
8	仮説平均との差異	0	
9	自由度	98	
10	t	5.525648299	
11	P(T<=t) 片側	1.35433E-07	
12	t 境界値 片側	1.660551217	
13	P(T<=t) 両側	2.70865E-07	
14	t 境界値 両側	1.984467455	

【例題補足】

数式を省略しない解答は以下となる。検定する仮説は

$$H_0 : \mu_1 = \mu_2 \qquad H_1 : \mu_1 \neq \mu_2$$

帰無仮説の下で，

$$Z = \frac{\bar{X} - \bar{Y}}{s\sqrt{(1/m) + (1/n)}} \sim N(0, 1)$$

有意水準 5% の棄却域の臨界値は

$$P(-1.96 \leq Z \leq 1.96) = 0.95$$

より，±1.96。データから，検定統計量の値は，

$$s^2 = \frac{1}{m+n-2}\left(\sum_{i=1}^{m}(x_i - \bar{x})^2 + \sum_{i=1}^{n}(y_i - \bar{y})^2\right) = \boxed{68.701}$$

$$z = \frac{\boxed{41.000} - \boxed{31.840}}{s\sqrt{\left(1/\boxed{50}\right) + \left(1/\boxed{50}\right)}} = 5.526$$

$z = 5.526 > 1.96$ より，有意水準 5% で H_0 を棄却する。

問題8.3[†]

問題8.2の検定のうち，以下のものについて，平均の差の検定を行いなさい。標本の数が大きいので，標準正規分布を利用して検定を行いなさい。

(1)【エコカー】 前期の販売台数は，後期の販売台数の平均と異なるか。(両側検定)

(2)【Jリーグ】 JリーグとプレミアリーグでJ年間観客収容率は異なるか。(両側検定)

(3)【スターバックス】 政令指定都市のある16地域（東京都を含む）と，それ以外の地域では，1店舗当たりの県別人口（人口/店舗数）の平均は異なるか。(片側検定)

(4)【広島カープ】 CS開始後と比較して，開始前の年間観客収容率が低いか。(片側検定)

(5)【マクドナルド】 2007年と2012年の国別店舗数は異なるか。(両側検定)

解答欄

(1)【エコカー】 検定統計量の値は $z=$ _____ であるのでH_0を有意水準5%で _____ 。以上から，前期の販売台数は，後期の販売台数の平均と

_____ 。

t分布を使用したときと，結論は同じである。

(2)【Jリーグ】 検定統計量の値は $z=$ _____ であるのでH_0を有意水準5%で _____ 。以上から，Jリーグとプレミアリーグで年間観客収容率は

_____ 。

t分布を使用したときと，結論は同じである。

(3)【スターバックス】 検定統計量の値は $z=$ _____ であるのでH_0を有意水準5%で _____ 。以上から，1店舗当たりの県別人口の平均は，2つの地域で

_____ 。

t分布を使用したときと，結論は同じである。

(4)【広島カープ】 検定統計量の値は　$z=$ 　　　　　　　　　であるので H_0 を有意水準5%で 　　　　　　　。以上から，CS開始後と比較して，開始前の年間観客収容率が

　

t 分布を使用したときと，結論は同じである。

(5)【マクドナルド】 検定統計量の値は$z=$ 　　　　　　　であるので H_0 を有意水準5%で 　　　　　。以上から，2007年と2012年の国別店舗数は

　

t 分布を使用したときと，結論は同じである。

例題8.4：分析ツールP値による平均の差の検定【英語50】

　入学時と1年時の英語の点数について，有意水準を5%として平均の差の検定を行いなさい。その際に，比較する2つのデータの母集団の分散は異なるものとする。ここでは，分析ツールで提示されるP値を用いて検定を行いなさい。

【解答】入学時と1年時の英語の点数を，それぞれXとYとする。検定したい仮説は，

$$H_0: \boxed{\mu_1=\mu_2} \qquad H_1: \boxed{\mu_1\neq\mu_2}$$

P値は$P=\boxed{2.810\times10^{-7}<0.05}$ から，H_0 を有意水準5%で $\boxed{棄却する}$。以上から，入学時と1年時の英語の平均点は

> 異なるといえる

t 分布を使用したときと，結論は同じである。

【Excelアウトプット】

「Excel解説8.4分析ツールによる平均の差の検定」参照。

	A	B	C
1	t-検定: 分散が等しくないと仮定した2標本による検定		
2			
3		英語の点数（1年時）	英語の点数（入学時）
4	平均	41	31.84
5	分散	58.32653061	79.07591837
6	観測数	50	50
7	仮説平均との差異	0	
8	自由度	96	
9	t	5.525648299	
10	P(T<=t) 片側	1.40493E-07	
11	t 境界値 片側	1.66088144	
12	P(T<=t) 両側	2.80985E-07	
13	t 境界値 両側	1.984984312	
14			

【例題補足】

特になし。

問題 8.4

以下のデータを用いて，有意水準を 5% として平均の差の検定を行いなさい。その際に，比較する 2 つのデータの母集団の分散は異なるものとする。ここでは，分析ツールで提示される P 値を用いて検定を行いなさい。

(1) 【エコカー】 前期の販売台数は，後期の販売台数の平均と異なるか。（両側検定）

(2) 【J リーグ】 J リーグとプレミアリーグで年間観客収容率は異なるか。（両側検定）

(3) 【スターバックス】 政令指定都市のある 16 地域（東京都を含む）と，それ以外の地域では，1 店舗当たりの県別人口（人口/店舗数）の平均は異なるか。（片側検定）

(4) 【コンビニ】 2007 年以前の 1 店舗当たりの年間販売額は，2008 年以降の 1 店舗当たりの年間販売額と異なるか。（両側検定）

(5) 【広島カープ】 CS 開始後と比較して，開始前の年間観客収容率が低いか。（片側検定）

(6) 【マクドナルド】 2007 年と 2012 年の国別店舗数は異なるか。（両側検定）

解答欄

(1) 【エコカー】検定したい仮説は，

H_0 : _____ H_1 : _____

P 値は $P=$ _____ から，H_0 を有意水準 5% で _____。

以上から，前期の販売台数は，後期の販売台数の平均と

_____。

(2) 【J リーグ】検定したい仮説は，

H_0 : _____ H_1 : _____

P 値は $P=$ [_____] から，H_0 を有意水準 5% で [_____]。

以上から，J リーグとプレミアリーグで年間観客収容率は

[_____]。

(3) 【スターバックス】検定したい仮説は，

H_0 : [_____] H_1 : [_____]

P 値は $P=$ [_____] より，H_0 を有意水準 5% で [_____]。

以上から，1 店舗当たりの県別人口の平均は，2 つの地域で

[_____]。

(4) 【コンビニ】検定したい仮説は，

H_0 : [_____] H_1 : [_____]

P 値は $P=$ [_____] より，H_0 を有意水準 5% で [_____]。

以上から，2007 年以前の 1 店舗当たりの年間販売額は，2008 年以降と

[_____]。

(5) 【広島カープ】検定したい仮説は，

H_0 : [_____] H_1 : [_____]

$P=$ [_____] より，H_0 を有意水準 5% で [_____]。以上か

ら，CS 開始後と比較して，開始前の年間観客収容率が

[_____]。

(6) 【マクドナルド】検定したい仮説は，

H_0 : [_____] H_1 : [_____]

$P=$ [_____] より，H_0 を有意水準 5% で [_____]。以上か

ら，2007 年と 2012 年の国別店舗数は

[_____]。

━━ 例題8.5：分析ツール t 値による平均の差の検定【英語50】━━

　入学時と1年時の英語の点数について，有意水準を5%として棄却域を図示し，平均の差の検定を行いなさい。その際に，比較する2つのデータの母集団の分散は異なるものとする。ここでは，分析ツールで提示される棄却域の臨界値を用いて行いなさい。

【解答】入学時と1年時の英語の点数を，それぞれ X と Y とする。検定したい仮説は，

$$H_0 : \boxed{\mu_1 = \mu_2} \qquad H_1 : \boxed{\mu_1 \neq \mu_2}$$

有意水準5%の棄却域の臨界値は $\boxed{\pm 1.985}$ 。

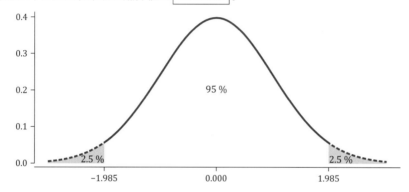

検定統計量の値は，$t^* = \boxed{5.526 > 1.985}$ であるので H_0 を有意水準5%で $\boxed{\text{棄却する}}$ 。以上から，入学時と1年時の英語の平均点は

$$\boxed{\text{異なるといえる}}$$ 。

P 値と結論が同じである。

【Excelアウトプット】

　「Excel8.4 分析ツールによる平均の差の検定」再掲。

	A	B	C
1	t-検定: 分散が等しくないと仮定した2標本による検定		
2			
3		英語の点数（1年時）	英語の点数（入学時）
4	平均	41	31.84
5	分散	58.32653061	79.07591837
6	観測数	50	50
7	仮説平均との差異	0	
8	自由度	96	
9	t	5.525648299	
10	P(T<=t) 片側	1.40493E-07	
11	t 境界値 片側	1.66088144	
12	P(T<=t) 両側	2.80985E-07	
13	t 境界値 両側	1.984984312	
14			

【例題補足】

　数式を省略しない解答は以下となる。検定する仮説は

$$H_0 : \mu_1 = \mu_2 \qquad H_1 : \mu_1 \neq \mu_2$$

帰無仮説の下で，母集団の分散が未知で，検定統計量は，自由度 $\boxed{96}$ の t 分布に従う。

$$t = \frac{\bar{X} - \bar{Y}}{\sqrt{(s_1^2/m + s_2^2/n)}} \sim t(96)$$

有意水準 5% の棄却域の臨界値は，

$$P(-1.985 \leq t \leq 1.985) = 0.95$$

データから，

$$s_1^2 = \frac{1}{m-1} \sum_{i=1}^{m} (x_i - \bar{x})^2 = \boxed{58.327}$$

$$s_2^2 = \frac{1}{n-1} \sum_{i=1}^{n} (y_i - \bar{y}) = \boxed{79.076}$$

より，検定統計量の値は，

$$t^* = \frac{\boxed{41.000} - \boxed{31.840}}{\sqrt{\left(s_1^2 / \boxed{50}\right) + \left(s_2^2 / \boxed{50}\right)}} = 5.526$$

$t^* = 5.526 > 1.985$ であるので H_0 を有意水準 5% で棄却する。

問題 8.5 [†]

　以下のデータを用いて，有意水準を 5% として棄却域を図示し，平均の差の検定を行いなさい。その際に，比較する 2 つのデータの母集団の分散は異なるものとする。ここでは，分析ツールで提示される棄却域の臨界値を用いて行いなさい。

(1) 【エコカー】 前期の販売台数は，後期の販売台数の平均と異なるか。（両側検定）

(2) 【J リーグ】 J リーグとプレミアリーグで年間観客収容率は異なるか。（両側検定）

(3) 【スターバックス】 政令指定都市のある 16 地域（東京都を含む）と，それ以外の地域では，1 店舗当たりの県別人口（人口/店舗数）の平均は異なるか。（片側検定）

(4) 【コンビニ】 2007 年以前の 1 店舗当たりの年間販売額は，2008 年以降の 1 店舗当たりの年間販売額と異なるか。（両側検定）

(5) 【広島カープ】 CS 開始後と比較して，開始前の年間観客収容率が低いか。（片側検定）

(6)【マクドナルド】 2007年と2012年の国別店舗数は異なるか。（両側検定）

解答欄

（1）【エコカー】検定したい仮説は，

$$H_0: \boxed{} \qquad H_1: \boxed{}$$

有意水準5%の棄却域の臨界値は $\boxed{}$ 。

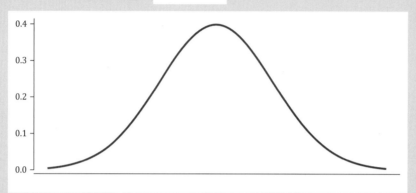

検定統計量の値は，$t^* = \boxed{}$ であるので H_0 を有意水準5%

で $\boxed{}$ 。以上から，前期の販売台数は，後期の販売台数の平均と

$\boxed{}$ 。

（2）【Jリーグ】検定したい仮説は，

$$H_0: \boxed{} \qquad H_1: \boxed{}$$

有意水準5%の棄却域の臨界値は $\boxed{}$ 。

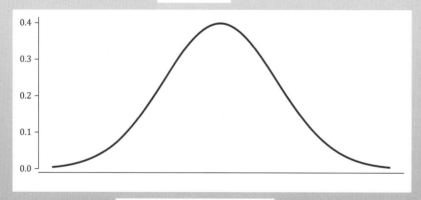

検定統計量の値は，$t^* = \boxed{}$ であるので H_0 を有意水準5%

で $\boxed{}$ 。以上から，Jリーグとプレミアリーグで年間観客収容率は

（3）【スターバックス】検定したい仮説は，

$$H_0: \boxed{} \qquad H_1: \boxed{}$$

有意水準 5% の棄却域の臨界値は $\boxed{}$。

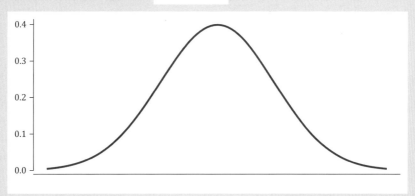

検定統計量の値は，$t^* = \boxed{}$ であるので H_0 を有意水準 5% で $\boxed{}$。以上から，1 店舗当たりの県別人口の平均は，2 つの地域で

$$\boxed{}。$$

（4）【コンビニ】検定したい仮説は，

$$H_0: \boxed{} \qquad H_1: \boxed{}$$

有意水準 5% の棄却域の臨界値は $\boxed{}$。

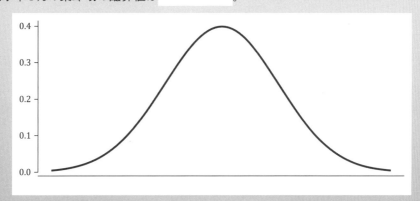

検定統計量の値は，$t^* = \boxed{}$ であるので H_0 を有意水準 5% で $\boxed{}$。以上から，2007 年以前の 1 店舗当たりの年間販売額は，2008 年以降と

（5）【広島カープ】検定したい仮説は,

$$H_0 : \qquad\qquad H_1 : \qquad\qquad$$

有意水準5%の棄却域の臨界値は   。

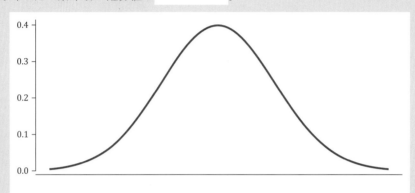

検定統計量の値は, $t^* =$ であるので H_0 を有意水準5%で   。以上から, CS開始後と比較して, 開始前の年間観客収容率が

（6）【マクドナルド】検定したい仮説は,

$$H_0 : \qquad\qquad H_1 : \qquad\qquad$$

有意水準5%の棄却域の臨界値は   。

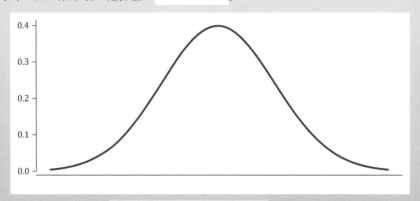

検定統計量の値は, $t^* =$ であるので帰無仮説を有意水準5%で   。以上から, 2007年と2012年の国別店舗数は

演習問題

演習1　応用　以下の2つのデータの平均が等しいか，分析ツールを用いて片側検定の対立仮説を各自で選んで検定を行いなさい。等分散を仮定しない場合で検定を行いなさい。

（1）【コンビニ】　2007年以前のコンビニエンスストアの収益率と2008年以降の平均

（2）【広島カープ】　ポストシーズンを含む合計年間観客収容率のCS開始前と開始後の平均

第9章
復習問題：
コンビニ実質年間販売額

Outline

第8章まで，平均や分散という記述統計量，平均の区間推定，平均の仮説検定，平均の差の検定と学習してきた。ここまでが，平均についての統計学の基本的な分析方法である。そこで本章では，これまでのデータ分析の手法を復習するために，新しいデータを用いて，学習してきた分析を通して行うこととする。場合によっては，ここまでが半期や通年の学習目標であることもあるだろう。前の章をみながら，本章の問題を解いてほしい。

問題9.1[†]

コンビニの1店舗当たり実質年間販売額について1998年から19年間の実質年間販売額（単位100万円）を用いて，以下の問題に答えなさい。

(1) 1店舗当たり実質年間販売額のヒストグラムを作成しなさい。ただし，各階級の上限の値は，1) 190，2) 195，3) 200，4) 205，5) それより大，とする。

(2) 平均，分散，標準偏差を，分析ツールを用いて計算しなさい。

(3) 平均を，信頼係数95%で推定しなさい。

(4) 2007年以前の1店舗当たりの実質年間販売額は目標金額200万円よりも少ないか。棄却域を図示し，有意水準を5%として片側検定を行いなさい。

(5) 2007年以前の1店舗当たりの実質年間販売額が，2008年以降と等しいかを検定しなさい。ただし，分散を等しいと仮定した場合と，仮定しない場合の2通りの検定を行いなさい。

解答欄

(1) 図より，最も頻度が高い階級は， [____] であることがわかる。また，この階級が [____] に位置することから，分布が右に歪んでいることがわかる。

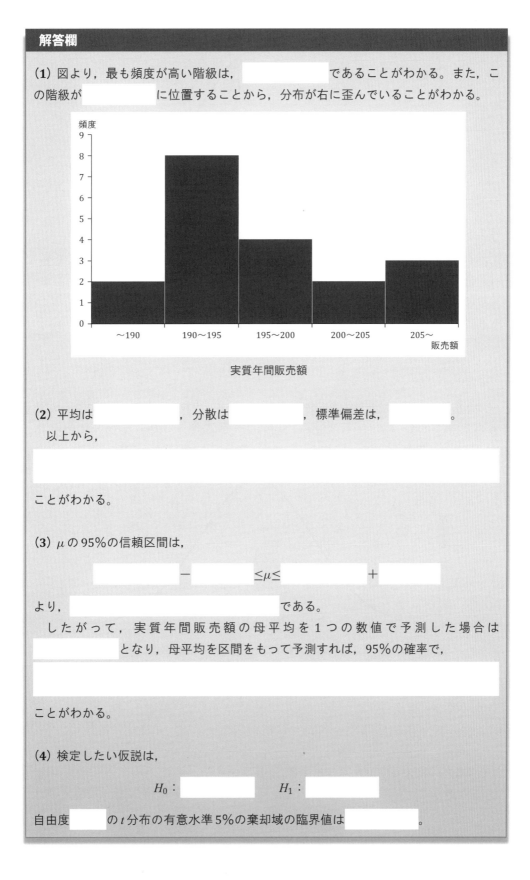

実質年間販売額

(2) 平均は [____] ，分散は [____] ，標準偏差は， [____] 。
　以上から，

[____]

ことがわかる。

(3) μ の95％の信頼区間は，

[____] ー [____] $\leq \mu \leq$ [____] ＋ [____]

より， [____] である。
　したがって，実質年間販売額の母平均を1つの数値で予測した場合は [____] となり，母平均を区間をもって予測すれば，95％の確率で，

[____]

ことがわかる。

(4) 検定したい仮説は，

H_0： [____] 　　　H_1： [____]

自由度 [____] の t 分布の有意水準5％の棄却域の臨界値は [____] 。

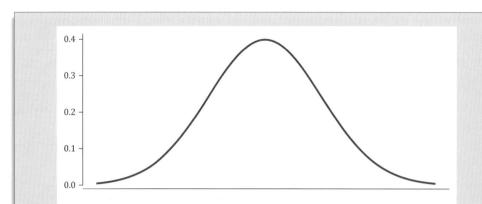

データから，$t^* = $ 　　　　　　　　　であるので帰無仮説を　　　　　。

　以上から，2007年以前の1店舗当たりの実質年間販売額は目標金額200万円より

　　　　　　　　　　　　　　　　　　　　　　　　　　　　　　　　　　　　　。

（5） 2007年以前をX，2008年以降をYとする。検定したい仮説は

$$H_0 : \qquad\qquad\qquad H_1 : \qquad\qquad$$

　分散を等しいと仮定した場合，P値が$P = $ 　　　　　　　　　より，H_0を有意水準5%で　　　　　　。もしくは，有意水準5%の棄却域の臨界値は　　　　　　である。

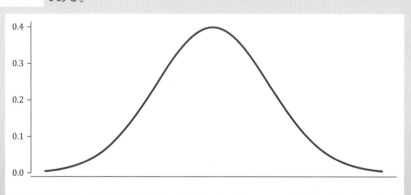

データから，検定統計量の値は　$t^* = $ 　　　　　　　　　であるのでH_0を有意水準5%で　　　　　。以上から，2007年以前の1店舗当たりの実質年間販売額は2008年以降と

　　　　　　　　　　　　　　　　　　　　　　　　　　　　　　　　　　　　　。

　分散を等しいと仮定しなかった場合，P値は$P = $ 　　　　　　　　　より，H_0を有意水準5%で　　　　　　。もしくは，有意水準5%の棄却域の臨界値は　　　　　　である。

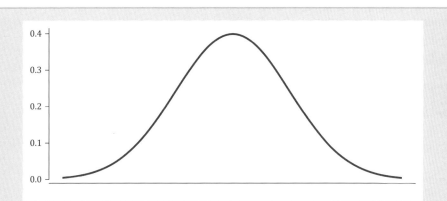

データから，検定統計量の値は，$t^* =$ ＿＿＿＿＿＿＿＿ であるので H_0 を
有意水準 5% で ＿＿＿＿＿＿ 。以上から，2007 年以前の 1 店舗当たりの実質年間販売
額は 2008 年以降と

＿＿＿＿＿＿＿＿＿＿＿＿＿＿＿＿＿＿＿＿＿＿＿＿＿＿＿＿＿。

第10章
相関係数とその検定

Outline

　本章と第 11 章では，2 つのデータがどの程度似た変動をしているか，直線的な（線形の）関係に近いか検討を行う。その代表的なものが下に示す**相関係数**であり，また，この相関係数を算出するために必要な**共分散**も含まれる。相関係数は直観的にわかりやすいため，例題や練習問題の**散布図**をみて，数値とデータの関係をつかんでもらいたい。共分散については，ややわかりにくい指標ではあるが，次の回帰分析などのステップに進むときに議論される指標であるため，ここで紹介する。

10.1　相関係数と共分散

　2 つのデータの関係性（線形関係）を示す指標の代表的なものが，相関係数と共分散の 2 つである。一方のデータが増加するとき，もう一方も増加するなど，同じ方向に動く場合，プラスの値をとる。また，もう一方が減少する場合は，マイナスの値をとる。平均と同様に，母集団の相関係数と，標本から算出される相関係数がある。

　$x_1, x_2, \cdots, x_n$ と $y_1, y_2, \cdots y_n$ の n 個の観測データの組があるとき，

- （不偏標本）共分散

$$s_{1,2} = \frac{\sum\limits_{i=1}^{n}(x_i - \bar{x})(y_i - \bar{y})}{n-1}$$

- （標本）相関係数

$$r = \frac{\sum\limits_{i=1}^{n}(x_i - \bar{x})(y_i - \bar{y})}{\sqrt{\sum\limits_{i=1}^{n}(x_i - \bar{x})^2}\sqrt{\sum\limits_{i=1}^{n}(y_i - \bar{y})^2}}$$

　正規母集団から n 個の無作為標本の組を抽出，すなわち $X_i \sim N(\mu_1, \sigma_1^2), Y_i \sim N(\mu_2, \sigma_2^2)$ とする。

- （母）共分散

$$\sigma_{1,2} = E((X - E(X))(Y - E(Y)))$$

- （母）相関係数

$$\rho = \frac{\sigma_{1,2}}{\sqrt{\sigma_1^2 \sigma_2^2}}$$

ここで，$\sigma_{1,2}$ は母共分散，σ_1^2, σ_2^2 は X と Y の母分散である。（ρ：ロー）

相関係数と共分散の性質には以下のようなものがある。
- 母相関係数は $-1 \leq \rho \leq 1$（標本相関係数は $-1 \leq r \leq 1$）の範囲。
- $\rho = 0$，$\sigma_{1,2} = 0$ を，**無相関**という。
- $\rho < 0$，$\sigma_{1,2} < 0$ を，**負の相関**という。
- $\rho > 0$，$\sigma_{1,2} > 0$ を，**正の相関**という。
- $\rho = 1$ を，**完全な正の相関**という。
- $\rho = -1$ を，**完全な負の相関**という。

10.2 相関係数の有意性の検定

相関係数の検定の中で最も使われるものが，相関があるかを検証する検定である。以下の検定では有意水準 α とする。
- 相関係数の有意性の検定
  - $H_0 : \rho = 0$　$H_1 : \rho \neq 0$
  - 検定統計量

$$t = \frac{r\sqrt{n-2}}{\sqrt{1-r^2}} \sim t(n-2)$$

  - 棄却域

$$|t| > t_{\alpha/2}(n-2)$$

- 正規近似を用いた有意性の検定（データの数が大きいとき）
  - 検定統計量

$$Z = \frac{r\sqrt{n-2}}{\sqrt{1-r^2}} \sim N(0,1)$$

  - 棄却域

$$|Z| > z_{\alpha/2}$$

10.3　例題と問題

例題 10.1：共分散と相関係数【英語 50】

　1年時と入学時の英語の点数の散布図を作成し，共分散と相関係数を計算しなさい。

【解答】散布図は以下のとおり。

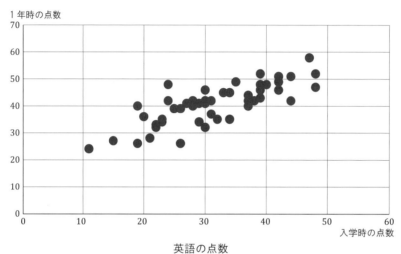

　図より 右上がり の関係がみてとれる。共分散は $s_{1,2}=$ 53.98 ，相関係数は $r=$ 0.795 となり，図と同様に入学時の英語の点数が高いと1年時の点数が 上昇する 傾向がみられる。

【Excel アウトプット】

「Excel 解説 10.1 共分散と相関係数」参照。

Sheet1のデータを使用		
標本数	50	
相関係数	0.795	
共分散	53.98	

問題 10.1

　以下の2組のデータについて，散布図を作成し，相関係数を計算しなさい。

（**1**）【Jリーグ】 Jリーグの年間観客収容率と順位。

（**2**）【Pリーグ】 プレミアリーグの年間観客収容率と順位。

(3)【広島カープ】年間観客収容率と順位。

(4)【マクドナルド】2012年の国別店舗数と 2012年の国別人口。

解答欄

(1)【Jリーグ】散布図は以下のとおり。

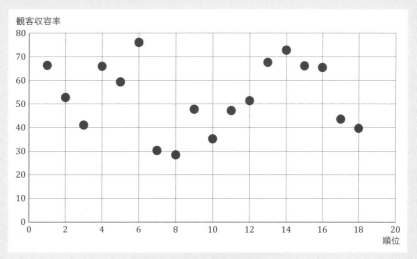

Jリーグ年間観客収容率

　図より弱い [　　　　　　] の関係がみてとれる。相関係数は $r=$ [　　　　　　] となり，図と同様に順位が上昇する（数値が小さくなる）と年間観客収容率が [　　　　　　] 傾向がみられる。

(2)【Pリーグ】散布図は以下のとおり。

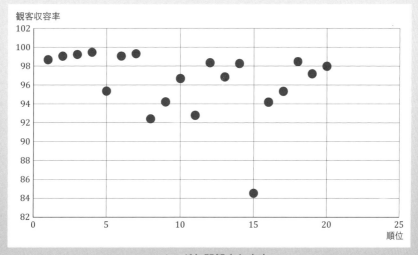

Pリーグ年間観客収容率

　　図より弱い 　　　　　　　 の関係がみてとれる。相関係数は $r=$ 　　　　　　　 となり，図と同様に順位が上昇する（数値が小さくなる）と年間観客収容率が 　　　　　　 傾向がみられる。

(3)【広島カープ】散布図は以下のとおり。

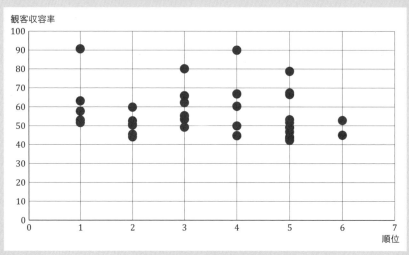

広島カープ年間観客収容率

　　図より弱い 　　　　　　　 の関係がみてとれる。相関係数は $r=$ 　　　　　　　 となり，図と同様に順位が上昇する（数値が小さくなる）と年間観客収容率が 　　　　　　 傾向がみられる。

(4)【マクドナルド】散布図は以下のとおり。人口のデータのばらつきが大きいため，すべてのデータを用いた散布図と，一部のデータの散布図の 2 つを掲載する。

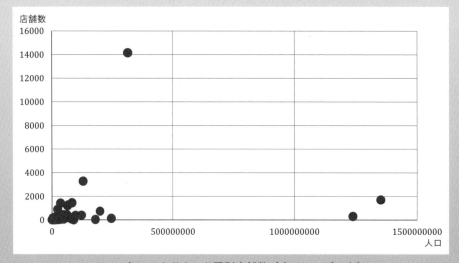

2012 年のマクドナルド国別店舗数（すべてのデータ）

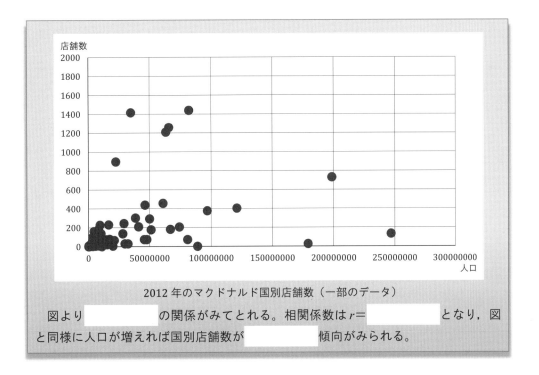

2012年のマクドナルド国別店舗数（一部のデータ）

図より [＿＿＿＿＿] の関係がみてとれる。相関係数は $r=$ [＿＿＿＿＿] となり，図と同様に人口が増えれば国別店舗数が [＿＿＿＿＿] 傾向がみられる。

以下の検定は応用的な内容であるので，とばしてもよい。

例題 10.2：相関係数の有意性の検定【英語 50】

1年時と入学時の英語の点数の相関係数が有意であるか，有意水準5%で棄却域を図示し検定しなさい。

【解答】$r=$ | 0.795 | となる。検定したい仮説は，

$$H_0 : \boxed{\rho=0} \qquad H_1 : \boxed{\rho\neq 0}$$

検定統計量は，自由度 | 48 | の t 分布に従う。有意水準5%の棄却域の臨界値は | ±2.011 | である。

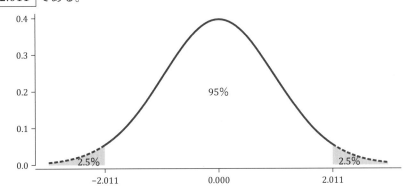

データから，検定統計量の値は，$t^*=$ | $9.075>2.011$ | であるので H_0 を有意水準5%で | 棄却する |。以上から

> 有意な相関がみられた

。

【Excel アウトプット】

「Excel 解説 10.2 相関係数の有意性の検定」参照。

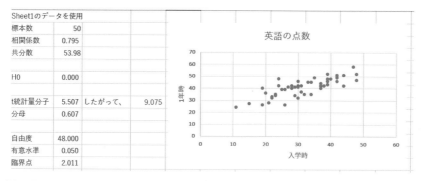

Sheet1のデータを使用		
標本数	50	
相関係数	0.795	
共分散	53.98	
H0	0.000	
t統計量分子	5.507	したがって、 9.075
分母	0.607	
自由度	48.000	
有意水準	0.050	
臨界点	2.011	

【例題補足】

数式を省略しない解答は以下となる。検定したい仮説は

$$H_0 : \rho = 0 \qquad H_1 : \rho \neq 0$$

帰無仮説の下で，$n = 50$ より，

$$t = \frac{r\sqrt{n-2}}{\sqrt{1-r^2}} \sim t(48)$$

有意水準 5% の棄却域の臨界値は

$$P(-2.011 \leq t \leq 2.011) = 0.95$$

データより，

$$t^* = \frac{\boxed{0.795}\sqrt{\boxed{50}-2}}{\sqrt{1-(\boxed{0.795})^2}} = \frac{5.507}{0.607} = 9.075$$

以上から，$t^* = 9.075 > 2.011$ であるので H_0 を有意水準 5% で棄却する。

問題 10.2 †

以下の 2 組のデータについて，相関係数が有意であるか，有意水準 5% で棄却域を図示し検定しなさい。

(1)【J リーグ】 J リーグの年間観客収容率と順位。

(2)【P リーグ】 プレミアリーグの年間観客収容率と順位。

(3)【広島カープ】 年間観客収容率と順位。

(4)【マクドナルド】 2012年の国別店舗数と2012年の国別人口。

解答欄

(1)【Jリーグ】 $r=$ [____] となる。検定したい仮説は

$$H_0: \text{[____]} \qquad H_1: \text{[____]}$$

検定統計量は自由度 [____] の t 分布に従う。有意水準5%の棄却域の臨界値は [____] である。

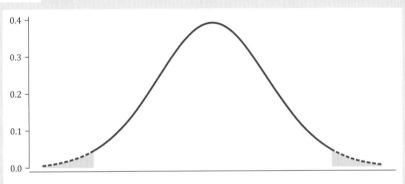

データから，検定統計量の値は，$t^*=$ [____] であるので H_0 を有意水準5%で [____]。以上から，年間観客収容率と順位には，

[____]。

(2)【Pリーグ】 $r=$ [____]。検定したい仮説は

$$H_0: \text{[____]} \qquad H_1: \text{[____]}$$

検定統計量は自由度 [____] の t 分布に従う。有意水準5%の棄却域の臨界値は [____] である。

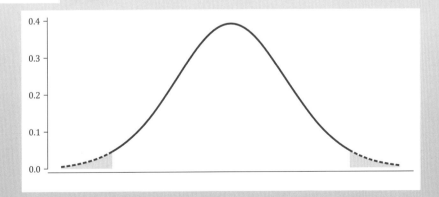

データから，検定統計量の値は，$t^* = $ ＿＿＿＿＿＿＿＿＿ であるので H_0 を有意水準5%で ＿＿＿＿＿＿ 。以上から，プレミアリーグの年間観客収容率と順位には，

＿＿＿＿＿＿＿＿＿＿＿＿＿＿＿＿＿＿＿＿＿＿＿＿＿＿＿＿＿＿＿＿＿ 。

(3)【広島カープ】$r = $ ＿＿＿＿＿＿ 。検定したい仮説は

$$H_0 : \text{＿＿＿＿＿} \qquad H_1 : \text{＿＿＿＿＿}$$

検定統計量は自由度 ＿＿＿ の t 分布に従う。有意水準5%の棄却域の臨界値は ＿＿＿＿＿ である。

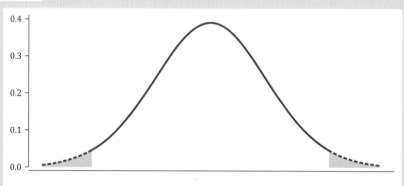

データから，検定統計量の値は，$t^* = $ ＿＿＿＿＿＿＿＿＿ であるので H_0 を有意水準5%で ＿＿＿＿＿＿ 。以上から，年間観客収容率と順位には，

＿＿＿＿＿＿＿＿＿＿＿＿＿＿＿＿＿＿＿＿＿＿＿＿＿＿＿＿＿＿＿＿＿ 。

(4)【マクドナルド】$r = $ ＿＿＿＿＿＿ 。検定したい仮説は

$$H_0 : \text{＿＿＿＿＿} \qquad H_1 : \text{＿＿＿＿＿}$$

検定統計量は自由度 ＿＿＿ の t 分布に従う。有意水準5%の棄却域の臨界値は ＿＿＿＿＿ である。

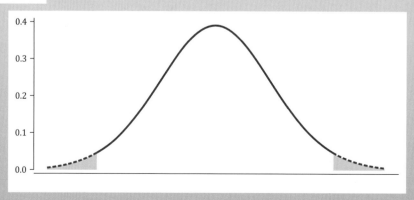

データから，検定統計量の値は，$t^*=$ ［　　　　　　　　　　　　　］であるので H_0 を有意水準5％で ［　　　　］。以上から，2012年の国別店舗数と2012年の国別人口には，

［　　　］。

例題10.3：正規近似による相関係数の有意性の検定【英語50】

入学時と1年時の英語の点数について，標本数が大きいので，標準正規分布が利用可能である。標準正規分布の有意水準5％の臨界値±1.96を使って，検定の判断をしなさい。

【解答】$r=$ ［ 0.795 ］となる。検定したい仮説は

$$H_0 : \boxed{\rho = 0} \qquad H_1 : \boxed{\rho \neq 0}$$

データから，検定統計量の値は，$z=$ ［ 9.075 ＞ 1.96 ］であるので H_0 を有意水準5％で ［ 棄却する ］。以上から

> 有意な相関がみられた

。

【Excelアウトプット】

「Excel10.2 相関係数の有意性の検定」再掲。

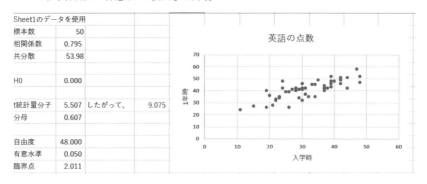

Sheet1のデータを使用		
標本数	50	
相関係数	0.795	
共分散	53.98	
H0	0.000	
t統計量分子	5.507	したがって，	9.075
分母	0.607	
自由度	48.000	
有意水準	0.050	
臨界点	2.011	

グラフ：英語の点数（縦軸：1年時，横軸：入学時）

【例題補足】

数式を省略しない解答は以下となる。検定したい仮説は

$$H_0 : \rho = 0 \qquad H_1 : \rho \neq 0$$

帰無仮説の下で，$n=50$ より，

$$Z = \frac{r\sqrt{n-2}}{\sqrt{1-r^2}} \sim N(0, 1)$$

有意水準5％の棄却域の臨界値は

$$P(-1.96 \leq Z \leq 1.96) = 0.95$$

データより，

$$z = \frac{0.795\sqrt{50-2}}{\sqrt{1-(0.795)^2}} = \frac{5.507}{0.607} = 9.075$$

以上から，$z = 9.075 > 1.96$ であるので H_0 を有意水準5%で棄却する。

問題10.3

　下記のデータの相関係数の検定をする。標本数が大きいので，標準正規分布の有意水準5%の臨界値±1.96を使って，検定の判断をしなさい。

(1)【広島カープ】年間観客収容率と順位。

(2)【マクドナルド】2012年の国別店舗数と2012年の国別人口。

解答欄

(1)【広島カープ】$r = $ 　　　　　　　　となる。検定したい仮説は

$$H_0: \quad\quad\quad\quad H_1: \quad\quad\quad\quad$$

データから，検定統計量の値は，$z = $ 　　　　　　　　　　　　であるので H_0 を有意水準5%で　　　　　　。以上から，年間観客収容率と順位には，

。

(2)【マクドナルド】$r = $ 　　　　　　　　となる。検定したい仮説は

$$H_0: \quad\quad\quad\quad H_1: \quad\quad\quad\quad$$

データから，検定統計量の値は，$z = $ 　　　　　　　　　　　　であるので H_0 を有意水準5%で　　　　　　。以上から，2012年の国別店舗数と2012年の国別人口には，

。

演習問題

演習1　応用　以下のデータを用いて，散布図を作成し，相関係数を算出し，有意性の検定を行いなさい。

（1）【マクドナルド】 2012 年の国別人口と国別店舗変化数，もしくは，2007 年の国別人口と国別店舗変化率。

（2）【広島カープ】 ポストシーズンを含む合計年間観客収容率と順位。

第11章
単回帰分析

Outline

　前章の相関係数では，2つの変数は対等に扱われていた。しかし，ある変数が原因で，ある変数が結果となる分析をしたいことも多い。このとき用いられる手法の一つが**回帰分析**である。回帰分析は因果関係を定式化することができる。**説明変数**と呼ばれる変数が決まったとき，他の変数がどのように変化するか調べるものである。

　ただし，因果関係が全くなくても，この分析をすることができる，言い換えれば，どのような因果関係があるかは分析者自身が仮説を立てる必要があることに注意が必要である。

　本章では，回帰分析の最も基本となる**単回帰分析**を紹介する。また，証明や t 分布を使った検定は複雑になるため，あえて記載していない。詳しいことは，各自「回帰分析」をキーワードに調べてみてほしい。

　本章では，統計学の知識で直観的に理解可能な重要ポイントのみまとめている。まずはExcelで簡単な分析をすることに慣れてほしい。

11.1　最小二乗法

　ある変数 X が変数 Y に影響を与えているか分析を行う。このとき，X と Y に直線の関係をあてはめる。直線の傾きと切片を，データから求める必要がある。この事前にはわからずデータから値を求めるものを**パラメータ**（母数）という。母集団の平均 μ もパラメータの一つである。

- ●**最小二乗法**：データと直線の距離の二乗を最小とする推定方法（例題11.2参照）。
  - ○**被説明変数** Y_i：分析の主対象となる変数。
  - ○**説明変数** X_i：Y_i の動きを説明する変数。
  - ○推定された直線 $\hat{Y}_i = \hat{\alpha} + \hat{\beta} X_i$
  - ○**残差** $\hat{u}_i$：直線とデータの差。
  - ○**決定係数** R^2：Y_i のうち，直線によって説明された割合を示す。あてはまりの指

標。

● **単回帰モデル** $Y_i = \alpha + \beta X_i + u_i$

　○ **誤差項** u_i：誤差項は互いに独立な $N(0, \sigma^2)$ の正規分布に従うと仮定する。

　○ 未知のパラメータ（母数）：α, β, σ^2

● **最小二乗推定量** $\hat{\alpha}, \hat{\beta}$：未知のパラメータ α, β を推定するための X_i と Y_i から構成される関数。OLS（Ordinary Least Squares）推定量ともよぶ。

$$\hat{\beta} = \frac{\sum_{i=1}^{n}(Y_i - \bar{Y})(X_i - \bar{X})}{\sum_{i=1}^{n}(X_i - \bar{X})^2}$$

$$\hat{\alpha} = \bar{Y} - \hat{\beta}\bar{X}$$

11.2　定数項 α と係数 β の有意性の検定

● α と β の有意性の検定

　○ 帰無仮説と対立仮説

　　＊ α についての検定仮説

$$H_0 : \boxed{\alpha = 0} \qquad H_1 : \boxed{\alpha \neq 0}$$

　　＊ β についての検定仮説

$$H_0 : \boxed{\beta = 0} \qquad H_1 : \boxed{\beta \neq 0}$$

　○ P 値＜有意水準となるとき，（帰無仮説を棄却し，）α もしくは β は，有意である。

11.3　例題と問題

─ 例題 11.1：グラフによる直線のあてはめ【英語 50】 ───────

　1 年時の英語の点数は，入学時の英語の点数に影響を受けているか，単回帰モデルを用いて 3 つの手順で検証したい。縦軸（Y_i）に検証したい 1 年時の英語の点数，横軸（X_i）に入学時の英語の点数をとった散布図（第 10 章で作成した）を用いる。この散布図に直線をあてはめ，直線の式と決定係数を表示させなさい。

【解答】

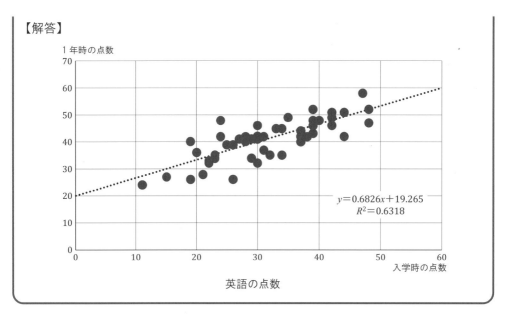

$y = 0.6826x + 19.265$
$R^2 = 0.6318$

英語の点数

【Excel アウトプット】

「Excel 解説 11.1 グラフによる直線のあてはめ」参照。

問題11.1

　第 10 章で作成した散布図に直線をあてはめ，直線の式と決定係数を表示させなさい。

(1)【J リーグ】縦軸（Y_i）に年間観客収容率，横軸（X_i）に順位。

(2)【P リーグ】縦軸（Y_i）にプレミアリーグの年間観客収容率，横軸（X_i）に順位。

(3)【広島カープ】縦軸（Y_i）に年間観客収容率，横軸（X_i）に順位。

(4)【マクドナルド】縦軸（Y_i）に 2012 年の国別店舗数，横軸（X_i）に 2012 年の国別人口。

解答

　解答欄は省略し，以下に解答を記載する。

（1）【Jリーグ】

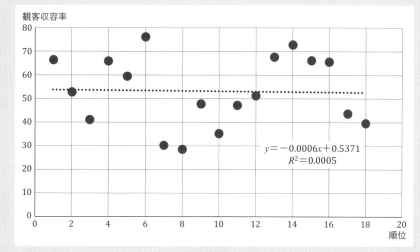

Jリーグ年間観客収容率

（2）【Pリーグ】

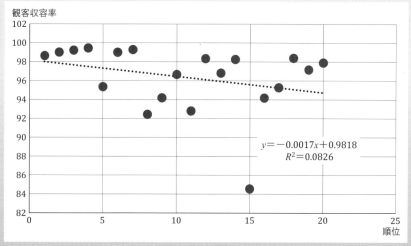

Pリーグ年間観客収容率

(3)　【広島カープ】

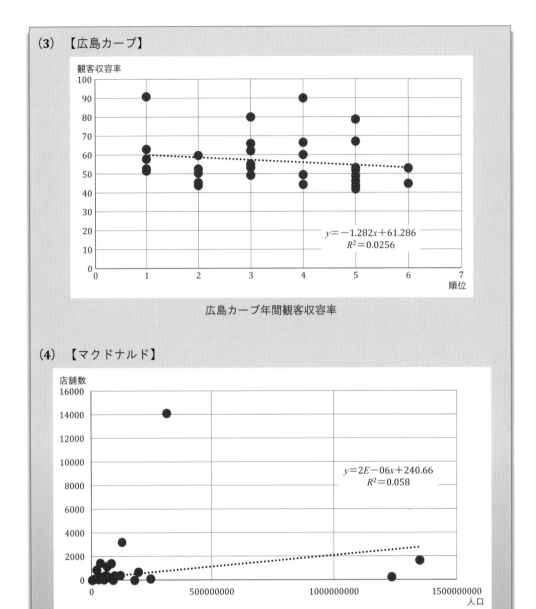

広島カープ年間観客収容率

(4)　【マクドナルド】

2012年のマクドナルド国別店舗数（すべてのデータ）

例題11.2：最小二乗法【英語50】

　1年時の英語の点数は，入学時の英語の点数に影響を受けているか，単回帰モデルを用いて3つの手順で検証したい。まず，単回帰モデルを推定し，α と β の推定値を求めなさい。

【解答】数式のカッコ内の値は t 値で，R^2 は決定係数である。推定結果は，

$$\hat{Y}_i = \boxed{19.265} + \boxed{0.683}\, X_i \qquad R^2 = \boxed{0.632}$$
$$\quad\;\; (\boxed{7.753})\;\;\; (\boxed{9.075})$$

【Excelアウトプット】

「Excel解説11.2最小二乗法」参照。

概要							
	回帰統計						
重相関 R	0.79483						
重決定 R2	0.631755						
補正 R2	0.624083						
標準誤差	4.682511						
観測数	50						
分散分析表							
	自由度	変動	分散	観測された分散比	有意 F		
回帰	1	1805.556	1805.556272	82.34806176	5.51E-12		
残差	48	1052.444	21.92591099				
合計	49	2858					
	係数	標準誤差	t	P-値	下限 95%	上限 95%	下限 95.0% 上限 95.0%
切片	19.26506	2.485002	7.752533399	5.21966E-10	14.26863	24.26149	14.26863 24.26149
英語の点数（入学時）	0.68263	0.075224	9.074583283	5.50978E-12	0.531381	0.833879	0.531381 0.833879

【例題補足】

　回帰モデルの推定結果の表記方法は数式形式のほかに表形式もよく用いられるが，ここでは回帰モデルの意味をわかりやすくするために数式形式の例を挙げる。カッコ内の値は，P値や標準誤差を表記してもよい。

問題11.2

　以下の2つのデータについて検証を行いたい。目的に沿った単回帰モデルを推定し，αとβの推定値を求めなさい。

（1）【Jリーグ】　年間観客収容率は，順位によって変化するのか。

（2）【Pリーグ】　プレミアリーグの年間観客収容率は，順位によって変化するのか。

（3）【広島カープ】　年間観客収容率は，順位によって変化するのか。

（4）【マクドナルド】　2012年の国別店舗数と2012年の国別人口の間にはどのような関係があるか。

解答欄

（1）【Jリーグ】　年間観客収容率をY_iとし，順位をX_iとする。推定結果は，

$$\hat{Y}_i = \boxed{} - \boxed{} X_i \quad R^2 = \boxed{}$$

（2）【Pリーグ】　年間観客収容率をY_iとし，順位をX_iとする。推定結果は，

$$\hat{Y}_i = \boxed{} - \boxed{} X_i \qquad R^2 = \boxed{}$$
$$() \quad ()$$

(3) 【広島カープ】　年間観客収容率を Y_i とし，順位を X_i とする。推定結果は，

$$\hat{Y}_i = \boxed{} - \boxed{} X_i \qquad R^2 = \boxed{}$$
$$() \quad ()$$

(4) 【マクドナルド】　2012年の国別店舗数を Y_i とし，2012年の国別人口を X_i とする。推定結果は，

$$\hat{Y}_i = \boxed{} + \boxed{} X_i \qquad R^2 = \boxed{}$$
$$() \quad ()$$

例題11.3：P値による有意性の検定【英語50】

　2番目の手順として，推定結果の P 値を用いて，α と β の有意性の検定を有意水準5%で行いなさい。

【解答】α と β の有意性の検定の仮説は，

$$H_0 : \boxed{\alpha = 0} \qquad H_1 : \boxed{\alpha \neq 0}, \quad H_0 : \boxed{\beta = 0} \qquad H_1 : \boxed{\beta \neq 0}$$

α と β の有意性の検定は，$P_\alpha = \boxed{5.220 \times 10^{-10} < 0.05}$，$P_\beta = \boxed{5.510 \times 10^{-12} < 0.05}$。したがって，有意水準5%で，$\alpha$ と β は $\boxed{\text{有意である}}$。

【Excelアウトプット】

「Excel解説11.2最小二乗法」再掲。

概要

回帰統計	
重相関 R	0.79483
重決定 R2	0.631755
補正 R2	0.624083
標準誤差	4.682511
観測数	50

分散分析表

	自由度	変動	分散	観測された分散比	有意 F
回帰	1	1805.556	1805.556272	82.34806176	5.51E-12
残差	48	1052.444	21.92591099		
合計	49	2858			

	係数	標準誤差	t	P-値	下限 95%	上限 95%	下限 95.0%	上限 95.0%
切片	19.26506	2.485002	7.752533399	5.21966E-10	14.26863	24.26149	14.26863	24.26149
英語の点数（入学時）	0.68263	0.075224	9.074583283	5.50978E-12	0.531381	0.833879	0.531381	0.833879

【例題補足】

　通常，有意性の検定は，推定したすべてのパラメータについて行う。本例題では，有意性

の検定を仮説から記載しているが，実際のレポートでは簡略に記載される。たとえば，最後の有意であるや有意ではないという検定の結論のみを記載すること，推定結果の提示が数式ではなく表形式の場合は，「＊」マーク等を用いて記載することが多い。

　問題では P 値を使って検定をしているが，t 値を使った検定について補足に記載する。記号の定義を追加し，$\hat{\alpha}$ と $\hat{\beta}$ の分散の推定量を，$s_{\hat{\alpha}}^2$ と $s_{\hat{\beta}}^2$ とする。帰無仮説のもとで，最小二乗推定量は t 分布に従うが，データの数が大きいため，標準正規分布に近似的に従い，

$$t_\alpha = \frac{\hat{\alpha}-0}{\sqrt{s_{\hat{\alpha}}^2}} \sim \boxed{N(0,1)}, \quad t_\beta = \frac{\hat{\beta}-0}{\sqrt{s_{\hat{\beta}}^2}} \sim \boxed{N(0,1)}$$

有意水準5%の棄却域の臨界値は $\boxed{\pm 1.96}$ である。

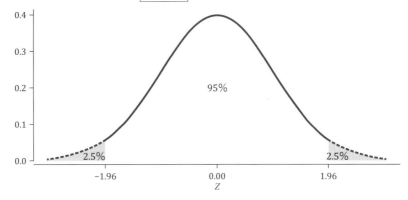

推定結果から，t 値は，

$$t_\alpha^* = \frac{\hat{\alpha}-0}{\sqrt{s_{\hat{\alpha}}^2}} = \boxed{19.265} \Big/ \boxed{2.485} = 7.753 \boxed{>1.96}$$

$$t_\beta^* = \frac{\hat{\beta}-0}{\sqrt{s_{\hat{\beta}}^2}} = \boxed{0.683} \Big/ \boxed{0.075} = 9.075 \boxed{>1.96}$$

したがって，有意水準5%で，α と β は有意である。

問題 11.3[†]

　前問では以下の2つのデータについて検証するために単回帰モデルを推定した。この推定結果の P 値を用いて，α と β の有意性の検定を行いなさい。

(1)【Jリーグ】 年間観客収容率は，順位によって変化するのか。

(2)【Pリーグ】 プレミアリーグの年間観客収容率は，順位によって変化するのか。

(3)【広島カープ】 年間観客収容率は，順位によって変化するのか。

(4)【マクドナルド】 2012年の国別店舗数と2012年の国別人口の間にはどのような関係があるか。

解答欄

(1) 【Jリーグ】α と β の有意性の検定の仮説は，

$$H_0 : \underline{} \qquad H_1 : \underline{} \quad , \quad H_0 : \underline{} \qquad H_1 : \underline{}$$

α と β の有意性の検定は，$P_\alpha = \underline{}$ ，$P_\beta = \underline{}$ 。したがって，有意水準5%で，α は $\underline{}$ ，β は $\underline{}$ 。

(2) 【Pリーグ】α と β の有意性の検定の仮説は，

$$H_0 : \underline{} \qquad H_1 : \underline{} \quad , \quad H_0 : \underline{} \qquad H_1 : \underline{}$$

α と β の有意性の検定は，$P_\alpha = \underline{}$ ，$P_\beta = \underline{}$ 。したがって，有意水準5%で，α は $\underline{}$ ，β は $\underline{}$ 。

(3) 【広島カープ】α と β の有意性の検定の仮説は，

$$H_0 : \underline{} \qquad H_1 : \underline{} \quad , \quad H_0 : \underline{} \qquad H_1 : \underline{}$$

α と β の有意性の検定は，$P_\alpha = \underline{}$ ，$P_\beta = \underline{}$ 。したがって，有意水準5%で，α は $\underline{}$ ，β は $\underline{}$ 。

(4) 【マクドナルド】α と β の有意性の検定の仮説は，

$$H_0 : \underline{} \qquad H_1 : \underline{} \quad , \quad H_0 : \underline{} \qquad H_1 : \underline{}$$

α と β の有意性の検定は，$P_\alpha = \underline{}$ ，$P_\beta = \underline{}$ 。したがって，有意水準5%で，α は $\underline{}$ ，β は $\underline{}$ 。

例題 11.4：推定結果の解釈【英語 50】

3番目の手順として，有意性の検定の結果から，入学時の英語の点数と1年時の英語の点数にどのような関係がある，もしくは，ないといえるか。

【解答】 β が ☐ 有意であった ☐ ということから，

> 入学時の英語の点数が高い生徒は，1年時の英語の点数も高い傾向があり，入学時の点数が1高ければ1年時の点数が平均的に0.683上がる

問題 11.4

　前問では以下の 2 つのデータについて検証するために単回帰モデルを推定し有意性の検定を行った。そのうち β の有意性の結果から，以下の検証について，どのような結論がいえるか。

(1)【J リーグ】　年間観客収容率は，順位によって変化するのか。

(2)【P リーグ】　プレミアリーグの年間観客収容率は，順位によって変化するのか。

(3)【広島カープ】　年間観客収容率は，順位によって変化するのか。

(4)【マクドナルド】　2012 年の国別店舗数と 2012 年の国別人口の間にはどのような関係があるか。

解答欄

(1)【J リーグ】　β が ＿＿＿＿＿＿ ということから，J リーグの年間観客収容率は

＿＿＿ 。

(2)【P リーグ】　β が ＿＿＿＿＿＿ ということから，プレミアリーグの年間観客収容率は

＿＿＿ 。

(3)【広島カープ】　β が ＿＿＿＿＿＿ ということから，年間観客収容率は

＿＿＿ 。

(4)【マクドナルド】　β が ＿＿＿＿＿＿ ということから，人口が増加すると

＿＿＿ 。

演習問題

演習1　応用　　以下のデータを用いて，単回帰分析を3つの手順に従って行いなさい。

（1）【マクドナルド】　2017年の国別人口が多いと，国別店舗変化数，もしくは，国別店舗変化率が大きくなるといえるか。

（2）【広島カープ】　ポストシーズンを含む合計年間観客収容率を使用して同じ分析をしなさい。

第 12 章
分散の推定・検定

Outline

本章では母分散に関する推定と検定の問題を扱う。χ^2分布，F分布など新しい分布が出てくるため，最も基礎的な内容に比べると少し難しいと感じられるかもしれないので，母平均の推定および検定とは別の章にまとめることとした。初習者はとばしてもよい。

12.1 母分散の推定

第6章で紹介した通り，母分散σ^2の点推定値は不偏標本分散s^2である。区間推定については以下のとおりである。

■母分散の信頼区間（正規母集団）

正規母集団$N(\mu, \sigma^2)$から大きさnの無作為標本を抽出するとき偏差の二乗和$\sum(X_i - \bar{X})^2$をσ^2で割ったものが自由度$n-1$のχ^2分布$\chi^2(n-1)$に従うことが知られている（χ：カイ）。自由度$n-1$のχ^2分布$\chi^2(n-1)$の上側$100\alpha\%$点を$\chi^2_\alpha(n-1)$と表すと分散σ^2の$100\alpha\%$信頼区間は，以下のように表される。

$$\left[\frac{\sum(X_i - \bar{X})^2}{\chi^2_{\alpha/2}(n-1)}, \frac{\sum(X_i - \bar{X})^2}{\chi^2_{1-\alpha/2}(n-1)} \right]$$

母分散の検定と二標本問題の母分散の比の検定は以下のとおりである。

12.2　母分散の検定

$H_0 : \sigma^2 = \sigma_0^2$ の検定を考える。有意水準 α とする。

$$\sum(X_i - \bar{X})^2 \sim \chi^2(n-1)$$

より，H_0 の下で検定統計量は

$$\chi^2 = \frac{\sum(X_i - \bar{X})^2}{\sigma_0^2} = \frac{(n-1)s^2}{\sigma_0^2} \sim \chi^2(n-1)$$

となる。検定方式は以下のようにまとめられる。

- ●両側検定
  - ○ $H_0 : \sigma^2 = \sigma_0^2$　$H_1 : \sigma^2 \neq \sigma_0^2$
  - ○棄却域　$\chi^2 < \chi^2_{1-\alpha/2}(n-1),\ \ \chi^2 > \chi^2_{\alpha/2}(n-1)$
- ●右片側検定
  - ○ $H_0 : \sigma^2 = \sigma_0^2$　$H_1 : \sigma^2 > \sigma_0^2$
  - ○棄却域　$\chi^2 > \chi^2_{\alpha}(n-1)$
- ●左片側検定
  - ○ $H_0 : \sigma^2 = \sigma_0^2$　$H_1 : \sigma^2 < \sigma_0^2$
  - ○棄却域　$\chi^2 < \chi^2_{1-\alpha}(n-1)$

12.3　母分散の比の検定

2つの正規母集団 $N(\mu_1, \sigma_1^2)$，$N(\mu_2, \sigma_2^2)$ からの無作為標本について母分散が等しいかどうか検定を行う。

それぞれの母集団から m 個，n 個の無作為標本を抽出，すなわち $X_i \sim N(\mu_1, \sigma_1^2)$，$i = 1, \ldots, m$，$Y_j \sim N(\mu_2, \sigma_2^2)$，$j = 1, \ldots, n$，とする。
このとき，

$$F = \frac{s_1^2/\sigma_1^2}{s_2^2/\sigma_2^2}$$

が自由度 $(m-1, n-1)$ の F 分布 $F(m-1, n-1)$ に従うことが知られている。以下では，自由度 $(m-1, n-1)$ の F 分布 $F(m-1, n-1)$ の上側 100α% 点を $F_{\alpha}(m-1, n-1)$ と表す。

このことから，帰無仮説 $H_0 : \sigma_1^2 = \sigma_2^2$ の下で検定統計量とその分布は

$$F = \frac{s_1^2}{s_2^2} \sim F(m-1, n-1)$$

となる。有意水準 α とすると，検定方式はそれぞれ以下のようにまとめられる。

- ●両側検定
  - ○ $H_0 : \sigma_1^2 = \sigma_2^2$　$H_1 : \sigma_1^2 \neq \sigma_2^2$

○ 棄却域 $F < F_{1-\alpha/2}(m-1, n-1)$, $F > F_{\alpha/2}(m-1, n-1)$

● 右片側検定

○ $H_0 : \sigma_1^2 = \sigma_2^2$ $H_1 : \sigma_1^2 > \sigma_2^2$

○ 棄却域 $F > F_\alpha(m-1, n-1)$

● 左片側検定

○ $H_0 : \sigma_1^2 = \sigma_2^2$ $H_1 : \sigma_1^2 < \sigma_2^2$

○ 棄却域 $F < F_{1-\alpha}(m-1, n-1)$

12.4 例題と問題

例題 12.1：分散の区間推定【英語50】

1年時の英語の点数について，信頼係数95%として分散の区間推定をしなさい。

【解答】自由度 $\boxed{49}$ （$n = 50$）の χ^2 分布より，

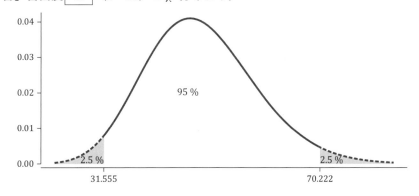

σ^2 の95%の信頼区間は

$$\boxed{2858.000} \,/\, \boxed{70.222} \leq \sigma^2 \leq \boxed{2858.000} \,/\, \boxed{31.555}$$

$$\boxed{40.699} \leq \sigma^2 \leq \boxed{90.572}$$

したがって，母分散を区間をもって予測すれば，95%の確率で，

$40.699 < \sigma^2 < 90.572$ のいずれかの値となる

ことがわかる。

【Excelアウトプット】

「Excel解説12.1 分散の区間推定」参照。

	A	B
1	英語の点数（1年時）	
2		
3	平均	41
4	標準誤差	1.080060467
5	中央値（メジアン）	42
6	最頻値（モード）	42
7	標準偏差	7.637180803
8	分散	58.32653061
9	尖度	-0.205539996
10	歪度	-0.320989136
11	範囲	34
12	最小	24
13	最大	58
14	合計	2050
15	データの個数	50
16		
17	分散の区間推定	
18	偏差二乗和	2858.000
19	信頼係数	0.950
20	下側確率点	31.555
21	上側確率点	70.222
22	区間推定上限	90.572
23	区間推定下限	40.699

【例題補足】

　数式を省略しない解答は以下となる。

$$\frac{\Sigma(X_i - \bar{X})^2}{\sigma^2} \sim \chi^2(49)$$

ここで，

$$P\left(\boxed{31.555} \leq \frac{\Sigma(X_i - \bar{X})^2}{\sigma^2} \leq \boxed{70.222} \right) = 0.95$$

したがって，σ^2 の95％の信頼区間は

$$2858.000/70.222 \leq \sigma^2 \leq 2858.000/31.555$$

$$40.699 \leq \sigma^2 \leq 90.572$$

問題12.1[†]

　信頼係数95％として，以下のデータの分散の区間推定をしなさい。

（1）【エコカー】 月間販売台数。

（2）【Jリーグ】 Jリーグの年間観客収容率。

（3）【Pリーグ】 プレミアリーグの年間観客収容率。

（4）　【スターバックス】　1店舗当たりの県別人口（人口/店舗数）。

（5）　【コンビニ】　1店舗当たりの年間販売額（単位：百万円）。

（6）　【広島カープ】　年間観客収容率。

（7）　【マクドナルド】　2012年の国別店舗数。

解答欄

（1）　【エコカー】　自由度 ＿＿＿＿（$n = 72$）の χ^2 分布より，

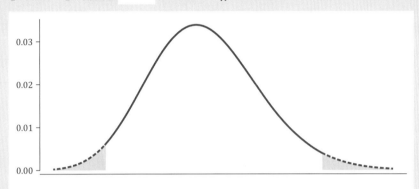

σ^2 の95%の信頼区間は

$$\boxed{} / \boxed{} \leq \sigma^2 \leq \boxed{} / \boxed{}$$

$$\boxed{} \leq \sigma^2 \leq \boxed{}$$

したがって，母分散を区間をもって予測すれば，95%の確率で，

$$\boxed{}$$

ことがわかる。

（2）　【Jリーグ】　自由度 ＿＿＿＿（$n = 18$）の χ^2 分布より，

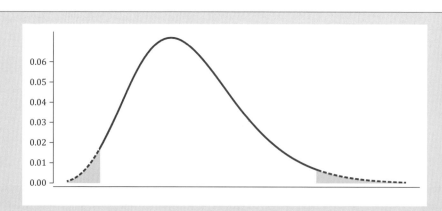

σ^2 の 95% の信頼区間は

$$\boxed{} \Big/ \boxed{} \leq \sigma^2 \leq \boxed{} \Big/ \boxed{}$$

$$\boxed{} \leq \sigma^2 \leq \boxed{}$$

したがって，母分散を区間をもって予測すれば，95% の確率で，

ことがわかる。

(3)　【P リーグ】自由度 $\boxed{}$ （$n=20$）の χ^2 分布より，

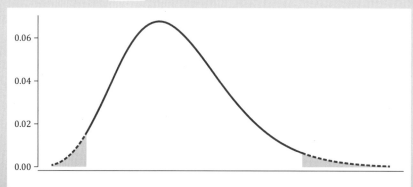

σ^2 の 95% の信頼区間は

$$\boxed{} \Big/ \boxed{} \leq \sigma^2 \leq \boxed{} \Big/ \boxed{}$$

$$\boxed{} \leq \sigma^2 \leq \boxed{}$$

したがって，母分散を区間をもって予測すれば，95% の確率で，

ことがわかる。

（4）【スターバックス】自由度 〔　　　〕（$n=47$）の χ^2 分布より，

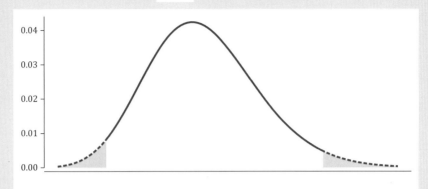

σ^2 の 95% の信頼区間は

$$\boxed{\qquad} \Big/ \boxed{\qquad} \le \sigma^2 \le \boxed{\qquad} \Big/ \boxed{\qquad}$$

$$\boxed{\qquad} \le \sigma^2 \le \boxed{\qquad}$$

したがって，母分散を区間をもって予測すれば，95% の確率で，

$$\boxed{}$$

ことがわかる。

（5）【コンビニ】自由度 〔　　　〕（$n=19$）の χ^2 分布より，

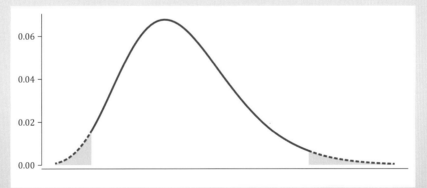

σ^2 の 95% の信頼区間は

$$\boxed{\qquad} \Big/ \boxed{\qquad} \le \sigma^2 \le \boxed{\qquad} \Big/ \boxed{\qquad}$$

$$\boxed{\qquad} \le \sigma^2 \le \boxed{\qquad}$$

したがって，母分散を区間をもって予測すれば，95% の確率で，

$$\boxed{}$$

ことがわかる。

(6) 【広島カープ】自由度 ⬚（$n=37$）の χ^2 分布より，

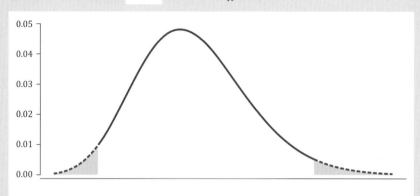

σ^2 の 95% の信頼区間は

$$\boxed{} \Big/ \boxed{} \leq \sigma^2 \leq \boxed{} \Big/ \boxed{}$$

$$\boxed{} \leq \sigma^2 \leq \boxed{}$$

したがって，母分散を区間をもって予測すれば，95% の確率で，

$$\boxed{}$$

ことがわかる。

(7) 【マクドナルド】自由度 ⬚（$n=96$）の χ^2 分布より，

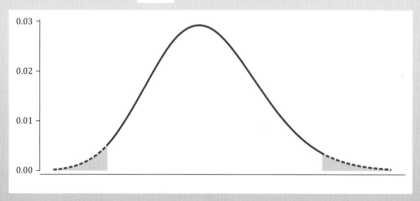

σ^2 の 95% の信頼区間は

$$\boxed{} \Big/ \boxed{} \leq \sigma^2 \leq \boxed{} \Big/ \boxed{}$$

$$\boxed{} \leq \sigma^2 \leq \boxed{}$$

したがって，母分散を区間をもって予測すれば，95%の確率で，

ことがわかる。

例題 12.2：分散の検定【英語 50】

1年時の英語の点数の分散が，入学時の分散と異なるか，有意水準5%で棄却域を図示し検定を行いなさい。ただし，入学時の分散は既知であるものとする。（分析ツールで入学時の分散を算出し，その値を用いよ。）

【解答】 検定したい仮説は，

$$H_0: \boxed{\sigma^2 = 79.076} \qquad H_1: \boxed{\sigma^2 \neq 79.076}$$

次に，自由度 $\boxed{49}$ の χ^2 分布の有意水準5%の棄却域の下側臨界値は $\boxed{31.555}$ で，上側臨界値は $\boxed{70.222}$ である。

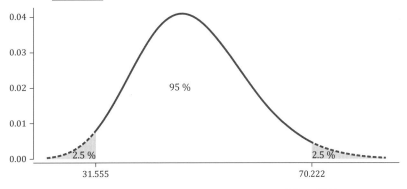

データから，検定統計量の値は，$\chi^{2*} = \boxed{36.142}$ であるので $\boxed{31.555 < \chi^{2*} = 36.142 < 70.222}$ より，H_0 を有意水準5%で $\boxed{\text{棄却しない}}$ 。以上から，1年時の英語の点数の分散が，入学時と

異なるといえない 。

【Excel アウトプット】

「Excel 解説 12.2 分散の検定」参照。

	A	B	C	D	E	F	G
1	英語の点数（1年時）				英語の点数（入学時）		
2							
3	平均	41			平均	31.84	
4	標準誤差	1.080060467			標準誤差	1.257584	
5	中央値（メジアン）	42			中央値（メジアン）	31	
6	最頻値（モード）	42			最頻値（モード）	30	
7	標準偏差	7.637180803			標準偏差	8.892464	
8	分散	58.32653061			分散	79.07592	
9	尖度	-0.205539996			尖度	-0.62527	
10	歪度	-0.320989136			歪度	-0.1118	
11	範囲	34			範囲	37	
12	最小	24			最小	11	
13	最大	58			最大	48	
14	合計	2050			合計	1592	
15	データの個数	50			データの個数	50	
16							
17							
18					単変量の検定		
19					残差二乗和	2858.000	
20					帰無仮説H0: =	79.076	
21					検定統計量	36.142	
22					棄却域の臨界点	0.05	
23					上側	70.222	
24					下側	31.555	

【例題補足】

　数式を省略しない解答は以下となる。検定したい仮説は

$$H_0 : \sigma^2 = 79.076 \qquad H_1 : \sigma^2 \neq 79.076$$

帰無仮説の下で，

$$\chi^2 = \frac{(n-1)s^2}{\boxed{79.076}} = \frac{\sum_{i=1}^{n}(X_i - \bar{X})^2}{\boxed{79.076}} \sim \chi^2(49)$$

有意水準5％の棄却域の臨界値は，

$$P(31.555 \leq \chi^2 \leq 70.222) = 0.95$$

検定統計量の値は，$\chi^{2*} = \boxed{2858.000} / \boxed{79.076} = 36.142$ したがって，$31.555 < \chi^{2*} = 36.142 < 70.222$ であるので H_0 を有意水準5％で棄却しない。

問題12.2[†]

　以下のデータの分散について，有意水準5％で棄却域を図示し検定を行いなさい。既知であるとした分散については，分析ツールで分散を算出し，その値を用いよ。

（1）【エコカー】 前期販売台数の分散が，後期の分散と異なるか。ただし，後期の分散の値は，既知であるとする。

（2）【Jリーグ】 Jリーグの年間観客収容率の分散が，プレミアリーグの分散と異なるか。ただし，プレミアリーグの分散の値は，既知であるとする。

（3）【Pリーグ】 プレミアリーグの年間観客収容率の分散が，Jリーグの分散と異なるか。ただし，Jリーグの分散の値は，既知であるとする。

(4)　【スターバックス】　政令指定都市のある16地域（東京都を含む）の1店舗当たりの県別人口の分散が，それ以外の地域の分散と異なるか。ただし，それ以外の地域の分散の値は，既知であるとする。

(5)　【コンビニ】　2007年以前の1店舗当たりの年間販売額の分散が，2008年以降の分散と異なるか。ただし，2008年以降の分散の値は，既知であるとする。

(6)　【広島カープ】　CS開始前の年間観客収容率の分散が，CS開始後の分散と異なるか。ただし，CS開始後の分散の値は，既知であるとする。

(7)　【マクドナルド】　2012年の国別店舗数の分散が，2007年の分散と異なるか。ただし，2007年の分散の値は，既知であるとする。

解答欄

(1)　【エコカー】　検定したい仮説は，

H_0：　　　　　　　　　　　　H_1：

　次に，自由度　　　　の χ^2 分布の有意水準5%の棄却域の下側臨界値は　　　　で，上側臨界値は　　　　　　　である。

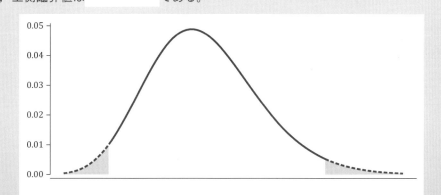

データから，検定統計量の値は，$\chi^{2*} =$ 　　　　　　であるので　　　　　　　　　　　　　　　より，H_0 を有意水準5%で　　　　　　　。
以上から，前期販売台数の分散が，後期の分散と

　　　　　　　　　　　　　　　　　　　　　　　　　　　　　　　　。

(2)　【Jリーグ】　検定したい仮説は，

H_0：　　　　　　　　　　　　H_1：

次に自由度 ⬚ の χ^2 分布の有意水準5%の棄却域の下側臨界値は ⬚ で，上側臨界値は ⬚ である。

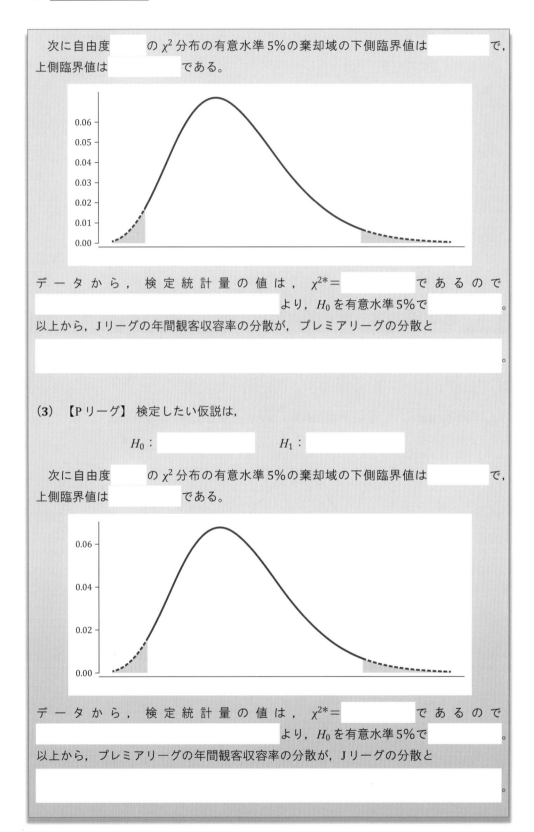

データから，検定統計量の値は，$\chi^{2*} =$ ⬚ であるので ⬚ より，H_0 を有意水準5%で ⬚ 。

以上から，Jリーグの年間観客収容率の分散が，プレミアリーグの分散と

⬚ 。

(3) 【Pリーグ】検定したい仮説は，

H_0：⬚ 　　　H_1：⬚

次に自由度 ⬚ の χ^2 分布の有意水準5%の棄却域の下側臨界値は ⬚ で，上側臨界値は ⬚ である。

データから，検定統計量の値は，$\chi^{2*} =$ ⬚ であるので ⬚ より，H_0 を有意水準5%で ⬚ 。

以上から，プレミアリーグの年間観客収容率の分散が，Jリーグの分散と

⬚ 。

(4) 【スターバックス】 検定したい仮説は,

H_0： 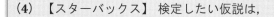　　　H_1：

次に自由度 ___ の χ^2 分布の有意水準 5% の棄却域の下側臨界値は ___ で, 上側臨界値は ___ である。

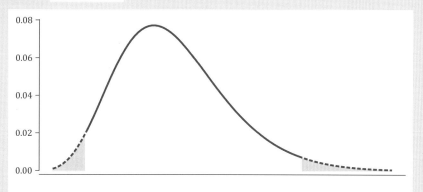

データから, 検定統計量の値は, $\chi^{2*}=$ ___ であるので ___ より, H_0 を有意水準 5% で ___。 以上から, 政令指定都市のある 16 地域（東京都を含む）の 1 店舗当たりの県別人口の 分散が, それ以外の地域の分散と

___ 。

(5) 【コンビニ】 検定したい仮説は,

H_0： ___　　　H_1： ___

次に, 自由度 ___ の χ^2 分布の有意水準 5% の棄却域の下側臨界値は ___ で, 上側臨界値は ___ である。

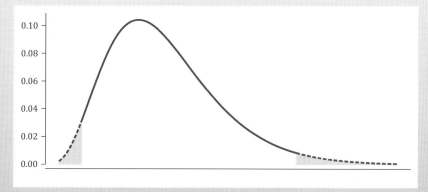

データから, 検定統計量の値は, $\chi^{2*}=$ ___ であるので ___ より, H_0 を有意水準 5% で ___。 以上から, 2007 年以前の 1 店舗当たりの年間販売額の分散が, 2008 年以降の分散と

_____。

(6)　【広島カープ】 検定したい仮説は，

H_0：_____　　　H_1：_____

　次に，自由度 _____ の χ^2 分布の有意水準 5% の棄却域の下側臨界値は _____ で，上側臨界値は _____ である。

データから，検定統計量の値は，$\chi^{2*} =$ _____ であるので

_____ より，H_0 を有意水準 5% で _____ 。

以上から，CS 開始前の年間観客収容率の分散が，CS 開始後の分散と

_____。

(7)　【マクドナルド】 検定したい仮説は，

H_0：_____　　　H_1：_____

　次に，自由度 _____ の χ^2 分布の有意水準 5% の棄却域の下側臨界値は _____ で，上側臨界値は _____ である。

データ から，検定 統計量 の 値 は，$\chi^{2*}=$ 〔   〕 で あ る の で

〔   〕より，H_0 を有意水準5%で 〔   〕。

以上から，2012年の国別店舗数の分散が，2007年の分散と

〔   〕。

例題 12.3：分析ツール P 値による分散比の検定【英語 50】

　1年時の英語の点数の分散が，入学時の分散より大きいか，有意水準5%で検定を行いなさい。分析ツールで表示される，片側検定の P 値を用いて判断しなさい。

【解答】　検定したい仮説は，

$$H_0 : \boxed{\sigma_1^2 = \sigma_2^2} \qquad H_1 : \boxed{\sigma_1^2 > \sigma_2^2}$$

P 値は $P = \boxed{0.145 > 0.05}$ より，H_0 を有意水準5%で $\boxed{棄却しない}$ 。以上から，1年時の英語の点数の分散が，入学時の分散より

> 大きいとはいえない 。

【Excel アウトプット】

「Excel 解説 12.3 分散比の検定」参照。

	A	B	C
1	F-検定: 2 標本を使った分散の検定		
2			
3		英語の点数（1年時）	英語の点数（入学時）
4	平均	41	31.84
5	分散	58.32653061	79.07591837
6	観測数	50	50
7	自由度	49	49
8	観測された分散比	0.737601685	
9	P(F<=f) 片側	0.145076768	
10	F 境界値 片側	0.622165468	
11			

問題 12.3

　次の2つのデータの分散について有意水準5%で検定を行いなさい。分析ツールで表示される，片側検定の P 値を用いて判断しなさい。

（1）【エコカー】　前期販売台数の分散が，後期の分散より大きいか。

（2）【Jリーグ】　Jリーグの年間観客収容率の分散が，プレミアリーグの分散より大きいか。

(3) 【スターバックス】 政令指定都市のある16地域（東京都を含む）の1店舗当たりの県別人口の分散が，それ以外の地域の分散より小さいか。

(4) 【コンビニ】 2007年以前の1店舗当たりの年間販売額の分散が，2008年以降の分散より小さいか。

(5) 【広島カープ】 CS開始前の年間観客収容率の分散が，CS開始後の分散より小さいか。

(6) 【マクドナルド】 2012年の国別店舗数の分散が，2007年の分散より大きいか。

解答欄

(1) 【エコカー】検定したい仮説は，

$$H_0: \boxed{} \qquad H_1: \boxed{}$$

P値は$P=\boxed{}$より，H_0を有意水準5%で$\boxed{}$。以上から，前期販売台数の分散が，後期の分散より

$$\boxed{}$$

(2) 【Jリーグ】検定したい仮説は，

$$H_0: \boxed{} \qquad H_1: \boxed{}$$

P値は$P=\boxed{}$より，H_0を有意水準5%で$\boxed{}$。以上から，Jリーグの年間観客収容率の分散が，プレミアリーグの分散より

$$\boxed{}$$

(3) 【スターバックス】検定したい仮説は，

$$H_0: \boxed{} \qquad H_1: \boxed{}$$

P値は$P=\boxed{}$より，H_0を有意水準5%で$\boxed{}$。以上から，政令指定都市のある16地域（東京都を含む）の1店舗当たりの県別人口の分散が，それ以外の地域の分散より

$$\boxed{}$$

(4) 【コンビニ】検定したい仮説は，

$$H_0: \boxed{} \qquad H_1: \boxed{}$$

P 値は $P=\boxed{}$ より，H_0 を有意水準 5% で $\boxed{}$。以上から，2007 年以前の 1 店舗当たりの年間販売額の分散が，2008 年以降の分散より

$$\boxed{}。$$

(5) 【広島カープ】検定したい仮説は，

$$H_0: \boxed{} \qquad H_1: \boxed{}$$

P 値は $P=\boxed{}$ より，H_0 を有意水準 5% で $\boxed{}$。以上から，CS 開始前の年間観客収容率の分散が，CS 開始後の分散より

$$\boxed{}。$$

(6) 【マクドナルド】検定したい仮説は，

$$H_0: \boxed{} \qquad H_1: \boxed{}$$

P 値は $P=\boxed{}$ より，H_0 を有意水準 5% で $\boxed{}$。以上から，2012 年の国別店舗数の分散が，2007 年の分散より

$$\boxed{}。$$

例題 12.4：分析ツール F 値による分散比の検定【英語 50】

1 年時の英語の点数の分散が，入学時の分散より小さいか，有意水準 5% で棄却域を図示し検定を行いなさい。分析ツールで表示される，F 分布の臨界値を用いて判断しなさい。

【解答】検定したい仮説は，

$$H_0: \boxed{\sigma_1^2 = \sigma_2^2} \qquad H_1: \boxed{\sigma_1^2 < \sigma_2^2}$$

有意水準 5% の片側検定の棄却域の臨界値は $\boxed{0.622}$。

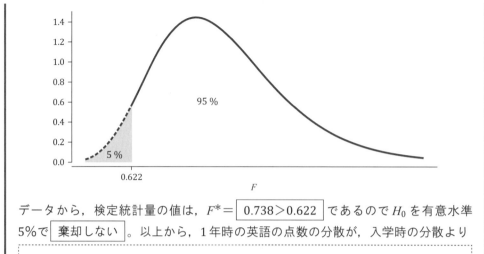

データから，検定統計量の値は，$F^{*}=\boxed{0.738>0.622}$であるので$H_0$を有意水準5%で$\boxed{\text{棄却しない}}$。以上から，1年時の英語の点数の分散が，入学時の分散より

$$\boxed{\text{小さいといえない}}$$。

【Excel アウトプット】

「Excel 解説 12.3 分散比の検定」再掲。

	A	B	C
1	F-検定: 2 標本を使った分散の検定		
2			
3		英語の点数（1年時）	英語の点数（入学時）
4	平均	41	31.84
5	分散	58.32653061	79.07591837
6	観測数	50	50
7	自由度	49	49
8	観測された分散比	0.737601685	
9	P(F<=f) 片側	0.145076768	
10	F 境界値 片側	0.622165468	
11			

【例題補足】

　分析ツールでは，以下の2つの仮説を自動的に判別してアウトプットを表示している。まず，$\dfrac{s_1^2}{s_2^2}\geq 1$のとき，

$$H_0 : \sigma_1^2=\sigma_2^2 \qquad H_1 : \boxed{\sigma_1^2>\sigma_2^2}$$

　次に，$\dfrac{s_1^2}{s_2^2}<1$のとき，

$$H_0 : \sigma_1^2=\sigma_2^2 \qquad H_1 : \boxed{\sigma_1^2<\sigma_2^2}$$

の片側検定の結果が表示される。

問題12.4[†]

　次の2つのデータの分散について有意水準5%で棄却域を図示し検定を行いなさい。分析ツールで表示される，F分布の臨界値を用いて判断しなさい。

(1) 【エコカー】 前期販売台数の分散が，後期の分散より大きいか。

(2) 【Jリーグ】 Jリーグの年間観客収容率の分散が，プレミアリーグの分散より大きいか。

(3) 【スターバックス】 政令指定都市のある16地域（東京都を含む）の1店舗当たりの県別人口の分散が，それ以外の地域の分散より小さいか。

(4) 【コンビニ】 2007年以前の1店舗当たりの年間販売額の分散が，2008年以降の分散より小さいか。

(5) 【広島カープ】 CS開始前の年間観客収容率の分散が，CS開始後の分散より小さいか。

(6) 【マクドナルド】 2012年の国別店舗数の分散が，2007年の分散より大きいか。

解答欄

(1) 【エコカー】検定したい仮説は，

$$H_0: \qquad\qquad H_1: \qquad\qquad$$

有意水準5%の片側検定の棄却域の臨界値は　　　　　。

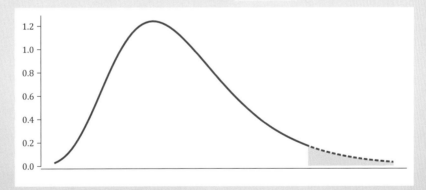

データから，検定統計量の値は，$F^* = $　　　　　　　　　　　であるのでH_0を有意水準5%で　　　　　　。以上から，前期販売台数の分散が，後期の分散より

　　　　　　　　　　　　　　　　　　　　　　　　　　　　　　。

(2) 【Jリーグ】検定したい仮説は，

$$H_0: \qquad\qquad H_1: \qquad\qquad$$

有意水準5%の片側検定の棄却域の臨界値は 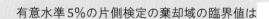。

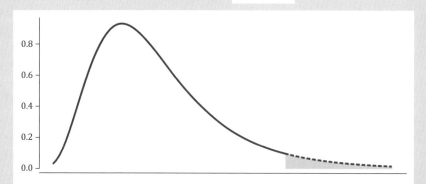

データから，検定統計量の値は，$F^* =$ ＿＿＿＿＿＿＿＿ であるので H_0 を有意水準5%で ＿＿＿＿＿。以上から，Jリーグの年間観客収容率の分散が，プレミアリーグの分散より

＿＿＿＿＿＿＿＿＿＿＿＿＿＿＿＿＿＿＿＿。

（3）　【スターバックス】 検定したい仮説は，

$$H_0 : \boxed{} \qquad H_1 : \boxed{}$$

有意水準5%の片側検定の棄却域の臨界値は ＿＿＿＿＿＿。

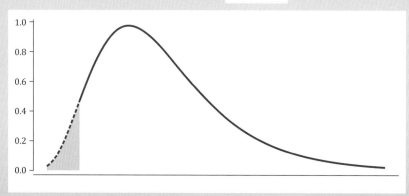

データから，検定統計量の値は，$F^* =$ ＿＿＿＿＿＿＿＿ であるので H_0 を有意水準5%で ＿＿＿＿＿。以上から，政令指定都市のある16地域（東京都を含む）の1店舗当たりの県別人口の分散が，それ以外の地域の分散より

＿＿＿＿＿＿＿＿＿＿＿＿＿＿＿＿＿＿＿＿。

（4）　【コンビニ】 検定したい仮説は，

$$H_0 : \boxed{} \qquad H_1 : \boxed{}$$

　有意水準5%の片側検定の棄却域の臨界値は 　　　　　　。

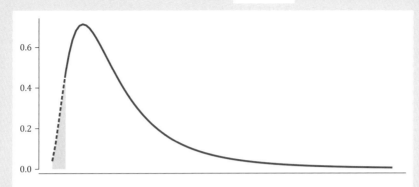

データから，検定統計量の値は，$F^* =$ 　　　　　　　　　であるので H_0 を有意水準5%で 　　　　　　。以上から，2007年以前の1店舗当たりの年間販売額の分散が，2008年以降の分散より

　　　　　　　　　　　　　　　　　　　　　　　　　　　　　　　。

(5) 【広島カープ】検定したい仮説は，

$$H_0: \qquad\qquad H_1: \qquad\qquad$$

　有意水準5%の片側検定の棄却域の臨界値は 　　　　　　。

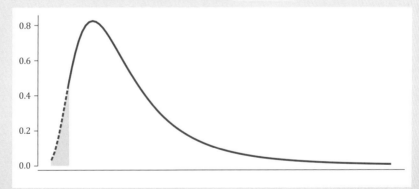

データから，検定統計量の値は，$F^* =$ 　　　　　　　　　であるので H_0 を有意水準5%で 　　　　　　。以上から，CS開始前の年間観客収容率の分散が，CS開始後の分散より

　　　　　　　　　　　　　　　　　　　　　　　　　　　　　　　。

(6) 【マクドナルド】検定したい仮説は，

$$H_0: \qquad\qquad H_1: \qquad\qquad$$

有意水準5%の片側検定の棄却域の臨界値は _____ 。

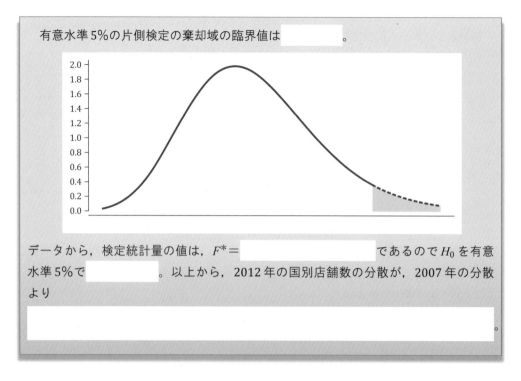

データから，検定統計量の値は，$F^* = $ _____ であるので H_0 を有意水準5%で _____ 。以上から，2012年の国別店舗数の分散が，2007年の分散より

_____ 。

例題12.5：分散比の両側検定【英語50】

　1年時の英語の点数の分散が，入学時の分散と等しいか，有意水準5%で棄却域を図示し検定を行いなさい。

【解答】検定したい仮説は分析ツールとは異なり，以下となる。

$$H_0 : \boxed{\sigma_1^2 = \sigma_2^2} \qquad H_1 : \boxed{\sigma_1^2 \neq \sigma_2^2}$$

　この場合，分析ツールに示される検定統計量の値は利用可能であるが，棄却域の臨界値は用いることができず，手計算する必要がある。自由度 $\boxed{(49, 49)}$ の F 分布の有意水準5%の棄却域の下側臨界値は $\boxed{0.567}$ で，上側臨界値は $\boxed{1.762}$ である。

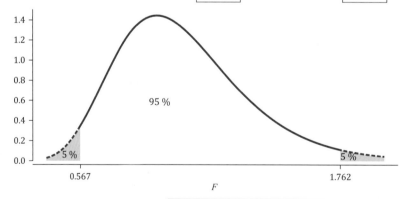

データから，検定統計量の値は，$\boxed{0.567 < F^* = 0.738 < 1.762}$ であるので H_0 を有意水準5%で $\boxed{\text{棄却しない}}$ 。以上から，1年時の英語の点数の分散が，入学時の分散と

> 異なるといえない 。

【Excel アウトプット】

「Excel 解説 12.5 分散比の両側検定」参照。

	A	B	C	D
1	F-検定: 2 標本を使った分散の検定			
2				
3		英語の点数（1年時）	英語の点数（入学時）	
4	平均	41	31.84	
5	分散	58.32653061	79.07591837	
6	観測数	50	50	
7	自由度	49	49	
8	観測された分散比	0.737601685		
9	P(F<=f) 片側	0.145076768		
10	F 境界値 片側	0.622165468		
11				
12	有意水準	0.050		
13	下側％点	0.567		
14	上側％点	1.762		
15				

【例題補足】

数式を省略しない解答は以下となる。検定したい仮説は

$$H_0 : \sigma_1^2 = \sigma_2^2 \qquad H_1 : \sigma_1^2 \neq \sigma_2^2$$

帰無仮説の下で，検定統計量

$$F = \frac{s_1^2}{s_2^2} \sim F(49, 49)$$

に従う。自由度 $\boxed{(49,49)}$ の F 分布の有意水準 5％の棄却域の臨界値は，

$$P(0.567 \leq F \leq 1.762) = 0.95$$

データ か ら，検 定 統 計 量 の 値 は，$F^* = \boxed{58.327} / \boxed{79.076} = \boxed{0.738}$，$\boxed{0.567 < F^* = 0.738 < 1.762}$ であるので H_0 を有意水準 5％で棄却しない。

問題 12.5 †

次の 2 つのデータの分散が等しいか，有意水準 5％で棄却域を図示し検定を行ないなさい。ただし，前問と異なり，両側検定で用いる臨界値は，Excel の関数で算出すること。

(1) 【エコカー】 前期販売台数の分散が，後期の分散と異なるか。

(2) 【Jリーグ】 Jリーグの年間観客収容率の分散が，プレミアリーグの分散と異なるか。

（3）【スターバックス】 政令指定都市のある16地域（東京都を含む）の1店舗当たりの県別人口の分散が，それ以外の地域の分散と異なるか。

（4）【コンビニ】 2007年以前の1店舗当たりの年間販売額の分散が，2008年以降の分散と異なるか。

（5）【広島カープ】 CS開始前の年間観客収容率の分散が，CS開始後の分散と異なるか。

（6）【マクドナルド】 2012年の国別店舗数の分散が，2007年の分散と異なるか。

解答欄

（1）【エコカー】 検定したい仮説は，

$$H_0: \boxed{} \qquad H_1: \boxed{}$$

　自由度 $\boxed{}$ の F 分布の有意水準5%の棄却域の下側臨界値は $\boxed{}$ で，上側臨界値は $\boxed{}$ である。

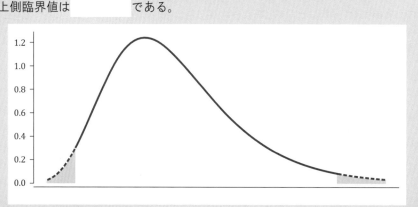

データから，検定統計量の値は，$\boxed{}$ であるので H_0 を有意水準5%で $\boxed{}$ 。以上から，前期販売台数の分散が，後期の分散と

$$\boxed{}$$ 。

（2）【Jリーグ】 検定したい仮説は，

$$H_0: \boxed{} \qquad H_1: \boxed{}$$

　自由度 $\boxed{}$ の F 分布の有意水準5%の棄却域の下側臨界値は $\boxed{}$ で，上側臨界値は $\boxed{}$ である。

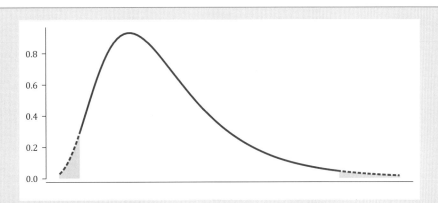

データから，検定統計量の値は，　　　　　　　　　　　　　　　　　　である
ので H_0 を有意水準 5% で　　　　　　　。以上から，J リーグの年間観客収容率の分散
が，プレミアリーグの分散と

　　　　　　　　　　　　　　　　　　　　　　　　　　　　　　　　　　　　。

(3) 【スターバックス】検定したい仮説は，

$$H_0:\qquad\qquad\qquad H_1:\qquad\qquad$$

　自由度　　　　　　　　　　の F 分布の有意水準 5% の棄却域の下側臨界値は　　　　
で，上側臨界値は　　　　　　である。

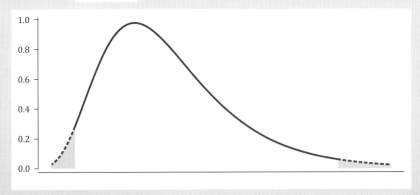

データから，検定統計量の値は，　　　　　　　　　　　　　　　　　　である
ので H_0 を有意水準 5% で　　　　　　　。以上から，政令指定都市のある 16 地域（東
京都を含む）の 1 店舗当たりの県別人口の分散が，それ以外の地域の分散と

　　　　　　　　　　　　　　　　　　　　　　　　　　　　　　　　　　　　。

(4) 【コンビニ】検定したい仮説は，

$$H_0:\qquad\qquad H_1:\qquad\qquad$$

　　自由度［　　　　　　　　　］のF分布の有意水準5％の棄却域の下側臨界値は［　　　　］で，上側臨界値は［　　　　　］である。

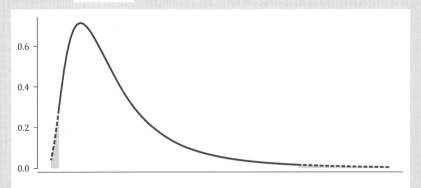

データから，検定統計量の値は，［　　　　　　　　　　　　　　　　　　　　］であるのでH_0を有意水準5％で［　　　　　］。以上から，2007年以前の1店舗当たりの年間販売額の分散が，2008年以降の分散と

［　　］。

（5）【広島カープ】検定したい仮説は，

$$H_0：［\qquad］\qquad H_1：［\qquad］$$

　　自由度［　　　　　　　　　］のF分布の有意水準5％の棄却域の下側臨界値は［　　　　］で，上側臨界値は［　　　　］である。

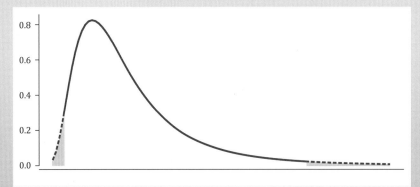

データから，検定統計量の値は，［　　　　　　　　　　　　　　　　　　　　］であるのでH_0を有意水準5％で［　　　　　］。以上から，CS開始前の年間観客収容率の分散が，CS開始後の分散と

［　　］。

(6)　【マクドナルド】検定したい仮説は，

$$H_0: \boxed{} \qquad H_1: \boxed{}$$

　自由度 $\boxed{}$ の F 分布の有意水準 5% の棄却域の下側臨界値は $\boxed{}$ で，上側臨界値は $\boxed{}$ である。

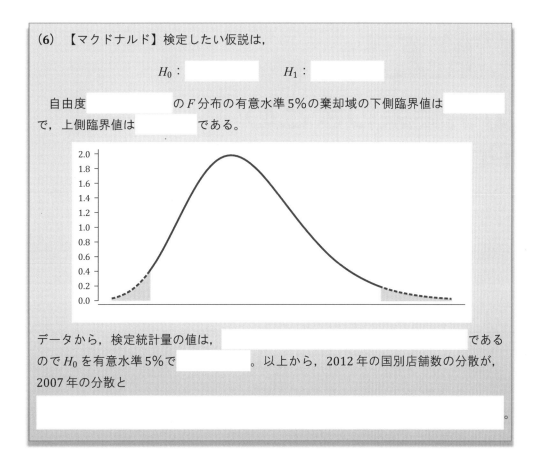

データから，検定統計量の値は，$\boxed{}$ であるので H_0 を有意水準 5% で $\boxed{}$。以上から，2012 年の国別店舗数の分散が，2007 年の分散と

$$\boxed{}$$。

演習問題

演習1　応用　以下の 2 つのデータの分散が等しいか，分析ツールを用いて片側検定を行いなさい。

（1）【コンビニ】2007 年以前のコンビニエンスストアの収益率と 2008 年以降の分散

（2）【広島カープ】ポストシーズンを含む合計年間観客収容率の CS 開始前と開始後の分散

第13章
分析結果のまとめ： PowerPoint

Outline

　本書で紹介した分析結果の公表例を紹介する。ここでは，例題で用いた英語の点数の分析結果を用いて，紹介したい。公表の仕方はいくつかあるが，本書が統計分析を初めて行う読者を対象としていることから，PowerPointによる発表例を紹介する。通常は，PowerPointによる発表で議論を重ねた後，Wordで文章を作成する。

　PowerPointによるまとめでは以下の点に注意されたい。

（1）タイトルは分析内容がわかるものを選ぶ。

（2）モチベーションを書く。

（3）リサーチ・クエスチョンを示す。

（4）データの出典は正確に記載する。

（5）分析結果のまとめ

（6）結果のまとめ

（7）参考文献のまとめ

例題 13.1：PowerPointによる分析のまとめ【英語 50】

　本書で扱った 1 年時の英語の点数の分析結果を PowerPoint にまとめなさい[※]。

S 大学における
英語教育の効果の検証

経済学部　経営学科 1 年
竹内　明香
経済学部　経済学科 1 年
來島　愛子

1

1

[※]　「PowerPoint 解答 13.1 英語の学習効果の分析」参照。

モチベーション

S大学の英語の学習効果の測定
- 学部1年生（50人）を対象に以下の時点で英語のテスト
  - 入学時（以下、入学時と表記）
  - 1年時の最終月（以下、1年時と表記）
- 2回のテストの難易度は同じ

> 1年時の点数を中心に分析を進める

2

リサーチ・クエスチョン

- 1年時の英語の点数は、入学時と比較して異なるか。
- 入学時の点数と、1年時の英語の点数は関連があるか。

3

分析の流れ

來島・竹内（2024）と同様の手法を用いて分析を行う。
- 1年時の英語の点数の概要
  - 記述統計量
  - 平均点の予測
- 1年時の英語の点数と、入学時の英語の点数の平均の差の分析
- 1年時の英語の点数と、入学時の英語の点数との関連分析
- 入学時の英語の点数が1年時の英語の点数に与える効果

4

1年時の英語の点数の特徴：記述統計量

- 出典：S大学の英語学習管理センター
- N=50人の点数の分布

1年時の点数

- 左右対称に点数は分布
- 平均的な点数は41を中心に±7.637の範囲に分布
  - 平均= 41
  - 分散= 58.327
  - 標準偏差= 7.637

5

1年時の英語の点数の特徴

- 1つの値で予測した場合
  - 平均：41

- 区間をもって予測した場合
  - 平均：信頼係数95%のとき、**38.883 < μ < 43.117** のいずれかの値となる
  - 95%信頼区間 算出式　29.5 − 3.294 < μ < 29.5 + 3.294

6

入学時と1年時の英語の点数の差の検定

- 有意水準5%で有意な差がある
  - 分析詳細（分散は等しくないと仮定）
  - $H_0: \mu_1 = \mu_2 \ \ H_1: \mu_1 \neq \mu_2$　　ここで、1:1年時　2:入学時
  - $P = 2.810 \times 10^{-7} < 0.05$より、有意水準5%で帰無仮説を棄却する

> 1年時の点数の平均点は、入学時の点数の平均点と異なる。
> 平均値が上昇していることから、英語学習の成果があるとみられる。

7

入学時の点数と、1年時の点数の関連性

- 相関係数の分析
  - 入学時の点数が高いと、1年時の点数が高い傾向がある
    - 相関係数の値　0.795
  - 相関係数は、有意水準5%で有意である
    - 分析詳細
    - $H_0: \rho = 0 \ \ H_1: \rho \neq 0$
    - 検定統計量は自由度48のt分布に従う。データより$t' = 9.075 > 2.011$
    - 有意水準5%で棄却する

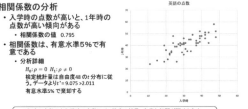

英語の点数

> 1年時の点数のと入学時の点数には、検定の結果、有意な相関が認められた。
> 相関係数の値から入学時の点数が高いと、1年時の点数が高い傾向がみられる

8

入学時の点数が高いと1年時の点数が上がるか

- 回帰分析　入学時の点数X　1年時の点数をY

$$\hat{Y}_i = 19.265 + 0.683 X_i \quad R^2 = 0.632$$
$$\quad (7.753) \quad\quad (9.075)$$

　　　　　　　　　　　　　　　　　カッコ内はt値

- αとβともに有意水準5%で有意
  - 分析詳細
  - $H_0: \alpha = 0 \ \ H_1: \alpha \neq 0$, $\ \ H_0: \beta = 0 \ \ H_1: \beta \neq 0$
  - αの$P = 5.220 \times 10^{-10} < 0.05$、βの$P = 5.510 \times 10^{-12} < 0.05$より、有意水準5%で有意。

> βが有意であることから、
> 入学時の点数が1点高いと、1年時の点数が平均的に0.683上昇することが確認できた。

9

分析結果のまとめ

- 英語学習の効果は確認された
  - 有意水準5％で、1年時の点数の平均点は、入学時の点数の平均点と異なる(高い)。
- 入学時の点数が高いと、1年時の点数も高いことも確認できた
  - 相関係数は有意で、その値は正であることから、正の相関が確認できた。
  - 入学時の点数が1点高いと、1年時の点数が平均的に0.683上昇することが確認できた。
    - 回帰分析のβが有意であり、その係数の推定値が0.683となった。

10

参考文献

- 來島・竹内(2024)『統計学ワークブック』、新世社
- S大学英語学習管理センター　https://www.sophia.ac.jp/xxxx.xxxxx.xxxx (最終アクセス日 2024.4.1)

11

問題13.1

（1）　本書で紹介した分析結果のうち，広島カープの年間観客収容率の分析結果をPowerPointでまとめなさい。

（2）　以下のデータの分析結果を参照に，PowerPoint を作成しなさい。ただし，主張したい内容に合った分析のみを選択し，スライドを作成しなさい。

(a)【エコカー】エコカーの月間販売台数。

(b)【コンビニ】コンビニエンスストアの1店舗当たりの年間販売額。

(c)【スターバックス】スターバックスの1店舗当たりの県別人口。

(d)【マクドナルド】2012年の国別店舗数。

(e)【Jリーグ】Jリーグの年間観客収容率。

(f)【Pリーグ】プレミアリーグの年間観客収容率。

解答欄

解答は省略。

演習問題

演習1　応用　以下のデータについて，本書と同様の分析をし，PowerPoint にまとめなさい。ただし，主張したい内容に合った分析のみを選択し，スライドを作成しなさい。

（1）【コンビニ】コンビニエンスストアの収益率は，2007年以前と2008年以降で変化したか。（両側検定）

（2）【マクドナルド】2017年の人口が多いと，店舗変化数，もしくは，店舗変化率が大きくなるといえるか。（片側検定）

（3）【広島カープ】ポストシーズンを含む合計年間観客収容率を使用して，本書と同じ分析をしなさい。（片側か両側かは各自で考えること。）

演習2　発展　各自で集めたデータを用いて分析をし，その分析結果を PowerPoint にまとめなさい。

第 14 章
記述式問題：
TOYOTA の株価の収益率

Outline

　第14章では，これまでの章では「例題補足」で補足されていた数式もすべて入れた形で，解答を作成することに挑戦してもらいたい。いわゆる記述式テストの方式である。まとめる中で，統計理論があることを意識して，次の学習につなげてほしい。

　なお，解答欄の空白部分は，本書の例題と同様の場所のみ空白になっている。したがって，まずは空白を埋めることをし，その後，その前後の数式を読んでほしい。また，以下の問題では，分散に関する推定・検定は含まれていない。

問題14. 1[†]

　TOYOTA の月次収益率のデータを用いて，以下の分析を行いなさい。

(1) 収益率のヒストグラムを作成しなさい。階級幅については，各自で設定するか Excel で自動で設定する方法を調べて作成しなさい。

(2) 平均，分散，標準偏差を，分析ツールを利用して計算しなさい。

(3) 平均を信頼係数95%で予測しなさい。

(4) 平均がゼロ以上であるか有意水準5%で棄却域を図示し検定を行いなさい。（片側検定）

(5) TOPIX の収益率より高いか有意水準5%で棄却域を図示し検定を行いなさい。その際に分散は異なると仮定しなさい。[※]（片側検定）

※ 通常，異なる株価の収益率の分散は異なると考える。そこで，分散を等しいとした検定は問題から省略している。

（6）TOPIXの収益率と相関しているか，相関係数の検定を有意水準5%で棄却域を図示し行いなさい。（両側検定）

（7）TOPIXの収益率とどの程度連動しているのか，回帰分析を行って検証しなさい。ただし，有意性の検定は有意水準5%で行うこととする。

解答欄

（1）Excelでヒストグラムの区切り幅を自動で設定した場合，図のようになる。　　　　　になっていることが，確認できる。

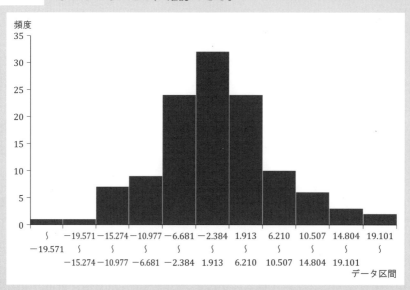

月間収益率

（2）平均，分散，標準偏差は，それぞれ

$$\bar{x}=\frac{1}{n}\sum_{i=1}^{n}x_i=\boxed{}$$

$$s^2=\frac{1}{n-1}\sum_{i=1}^{n}\left(x_i-\bar{x}^2\right)=\boxed{}$$

$$s=\sqrt{s^2}=\boxed{}$$

以上から，

ことがわかる。

（**3**）　母集団の分散が未知で，　　　　　　　　　　　　ので，検定統計量は　　　　　　　分布に従う。

$$Z = \frac{\bar{X} - \mu}{\sqrt{s^2/n}} \sim N(0,\ 1)$$

この分布の $P(-c < Z < c) = 0.95$ を満たす c は $c = 1.96$ となる。

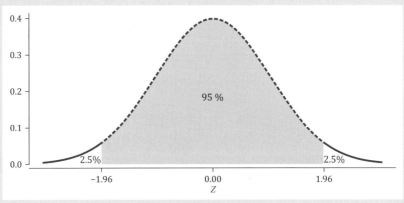

$$P\left(-1.96 \leq \frac{\bar{X} - \mu}{\sqrt{s^2/n}} \leq 1.96\right) = 0.95$$

したがって，μ の 95% の信頼区間は，

$$0.243 - 1.96\sqrt{58.221/120} \leq \mu \leq 0.243 + 1.96\sqrt{58.221/120}$$

$$\boxed{} - \boxed{} \leq \mu \leq \boxed{} + \boxed{}$$

より，　　　　　　　　　　　　　　　　である。

　したがって，収益率の母平均を 1 つの数値で予測した場合は予測値は　　　　　　となり，母平均を区間をもって予測すれば，95% の確率で，

　　　　　　　　　　　　　　　　　　　　　　　　　　　　　　　　　　　

ことがわかる。

（**4**）　検定したい仮説は，

$$H_0 : \boxed{} \qquad H_1 : \boxed{}$$

帰無仮説の下で，母集団の分散が未知で　　　　　　　　　　　　ので，検定統計量は　　　　　　　分布に従う。

$$Z = \frac{\bar{X} - 0}{\sqrt{s^2/n}} \sim N(0, 1)$$

有意水準 5% の棄却域の臨界値は　　　　　　。

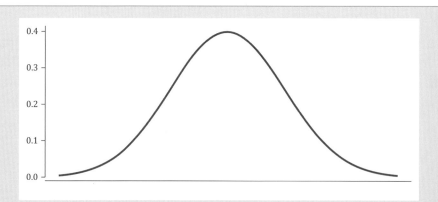

データから，

$$z = \frac{0.243}{\sqrt{58.221/120}} = \frac{0.243}{0.697} = \boxed{}$$

この z の値と棄却域の臨界値を比較すると　$z = \boxed{}$ であるので
帰無仮説を $\boxed{}$。以上から，収益率が

$$\boxed{}。$$

（5） TOYOTA の収益率を X，TOPIX の収益率を Y とする。検定したい仮説は

$$H_0 : \boxed{} \qquad H_1 : \boxed{}$$

P 値は $P = \boxed{}$ から，有意水準 5% で帰無仮説を $\boxed{}$。
以上から，TOPIX の収益率と比較して，TOYOTA の収益率が

$$\boxed{}。$$

t 検定を行う場合，帰無仮説の下で，母集団の分散が未知で，データの数が大きい
ので

$$Z = \frac{\bar{X} - \bar{Y}}{\sqrt{(s_1^2/m + s_2^2/n)}} \sim N(0, 1)$$

有意水準 5% の棄却域の臨界値は $\boxed{}$（t 分布の臨界値を使う場合は
$\boxed{}$）。

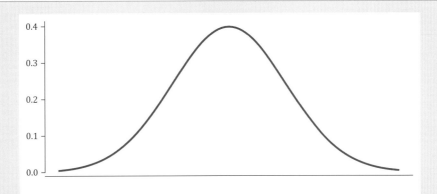

検定統計量の値は，

$$s_1^2 = \frac{1}{m-1}\sum_{i=1}^{m}\left(x_i-\bar{x}\right)^2 = 58.221$$

$$s_2^2 = \frac{1}{n-1}\sum_{i=1}^{n}\left(y_i-\bar{y}\right) = 30.818$$

$$z = \frac{\bar{x}-\bar{y}}{\sqrt{\left(s_1^2/m+s_2^2/n\right)}} = \frac{0.243-0.164}{\sqrt{\left(58.221/120+30.818/120\right)}} = \boxed{}$$

であるので H_0 を有意水準 5% で _____。以上から，TOPIX の収益率と比較して，TOYOTA の収益率が

_____。

(6) 検定したい仮説は

$$H_0: \boxed{} \qquad H_1: \boxed{}$$

帰無仮説のもとで，検定統計量の分布は，データの数が大きいので，正規分布に従い，

$$Z = \frac{r\sqrt{n-2}}{\sqrt{1-r^2}} \sim N(0,1)$$

ここで，r は，

$$r = \frac{\displaystyle\sum_{i=1}^{n}\left(X_i-\bar{X}\right)\left(Y_i-\bar{Y}\right)}{\sqrt{\displaystyle\sum_{i=1}^{n}\left(X_i-\bar{X}\right)^2}\sqrt{\displaystyle\sum_{i=1}^{n}\left(Y_i-\bar{Y}\right)^2}}$$

有意水準 5% の棄却域の臨界値は _____ である。

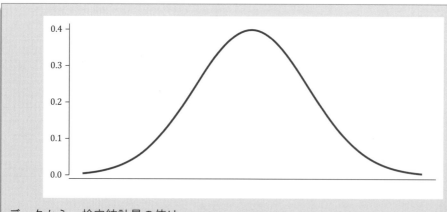

データから，検定統計量の値は，

$$z = \frac{r\sqrt{n-2}}{\sqrt{1-r^2}} = \frac{0.775\sqrt{120-2}}{\sqrt{1-(0.775)^2}} = \frac{8.419}{0.632} = \boxed{}$$

H_0 を有意水準5%で　　　　　　。以上から，TOYOTA の収益率と TOPIX の収益率には

　

(7) 推定結果は，

$$\hat{Y}_i = \boxed{} + \boxed{} X_i \qquad R^2 = \boxed{}$$
$$\quad (\boxed{}) \quad (\boxed{})$$

となった。ここで，カッコ内の値は t 値である。

　α と β の有意性の検定の仮説は，

$H_0:$ 　　　　　　$H_1:$ 　　　　　，$H_0:$ 　　　　　　$H_1:$ 　　　　　

P 値より，$P_\alpha =$ 　　　　　　と $P_\beta =$ 　　　　　　から，有意水準5%で，α は　　　　　，β は　　　　　。β は　　　　　ことから，

演習問題

演習1　応用　株価データの中から，TOYOTA 以外の，日産自動車，本田技研工業，ソニー，パナソニック，キヤノンのいずれかのデータを選び，TOYOTA の収益率と同様の分析を行いなさい。

演習2　発展　好きな株価データを Yahoo! ファイナンスや日経 NEEDS などからダウンロードし，収益率を算出した後，同様の分析を行いなさい。

付録A　問題解答

第1章

問題1.1：ヒストグラム　　図は解答欄に記載しているため省略。

(1) 【エコカー】27550〜44650，左寄り

(2) 【コンビニ】185〜190，左寄り

(3) 【スターバックス】90〜140，左寄り

(4) 【広島カープ】42〜50と50〜58，左寄り

第2章

問題2.1：平均・分散・標準偏差

(1) 【エコカー】61738.069，741987693，27239.451，平均的な月間販売台数は61738.069であり，おおよそ±27239.451の範囲に分布している

(2) 【コンビニ】192.421，39.624，6.295，平均的な1店舗当たり販売額は192.421であり，おおよそ±6.295の範囲に分布している

(3) 【スターバックス】147.857，4007.246，63.303，平均的な1店舗当たり県別人口は147.857であり，おおよそ±63.303の範囲に分布している

(4) 【マクドナルド】346.573，2237891.953，1495.959，平均的な国別店舗数は346.573であり，おおよそ±1495.959の範囲に分布している

(5) 【広島カープ】56.816，151.811，12.321，平均的な年間観客収容率は56.816であり，おおよそ±12.321の範囲に分布している

(6) 【Jリーグ】0.531，0.022，0.149，平均的な年間観客収容率は0.531であり，おおよそ±0.149の範囲に分布している

(7) 【Pリーグ】0.964，0.0013，0.036，平均的な年間観客収容率は0.964であり，おおよそ±0.036の範囲に分布している

第3章

問題3.1：確　率

(1) 24.4，33.5，0.728，80.2，147.2，0.545，高いこと，0.166，0.228，0.166，0.228，0.728，0.545，高いこと

第4章

問題4.1：標準正規分布の確率

(1) −1.281

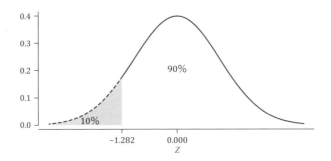

(2) -1.645

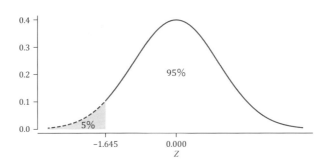

(3) -2.326

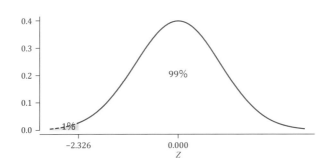

(4) $-1.645,\ 1.645$

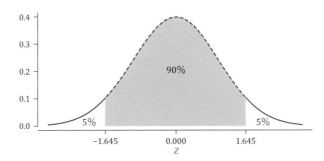

(5) $-2.576,\ 2.576$

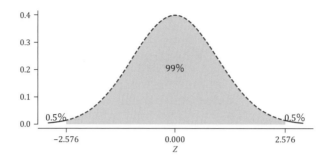

問題 4.2：一般的な正規分布の確率

（番号なし） 0.950

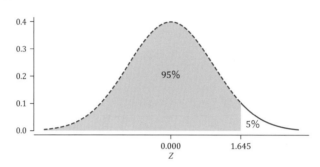

(1) 【エコカー】66780.78, 0.950

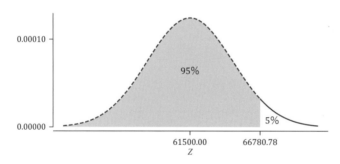

(2) 【スターバックス】165.189, 0.950

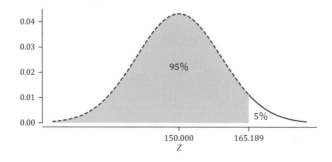

(3) 【マクドナルド】601.16, 0.950

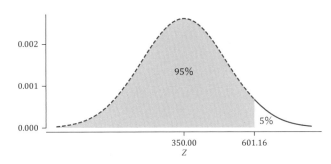

(4) 【広島カープ】58.332, 0.950

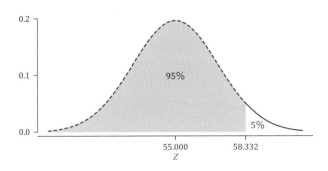

第5章

問題5.1：母分散既知の標本平均の分布

(1) 【エコカー】61500, 3210.200

(2) 【スターバックス】150, 9.234

(3) 【マクドナルド】350, 152.681

(4) 【広島カープ】55, 2.026

第6章

問題6.1：母分散未知の標本平均の分布

(1) 【コンビニ】18

(2) 【Jリーグ】17

(3) 【Pリーグ】19

問題6.2：t分布の確率

(1) 【コンビニ】18, −2.101, 2.101

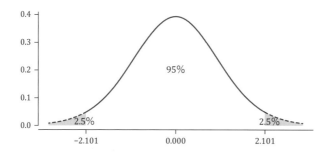

(2) 【Jリーグ】17，－2.110，2.110

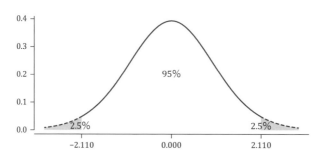

(3) 【Pリーグ】19，－2.093，2.093

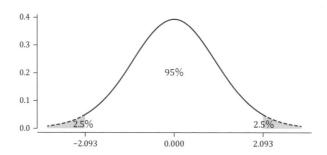

問題6.3：小標本の平均の区間推定

(1) 【コンビニ】192.421，3.034，192.421，3.034，189.387，195.455，192.421，189.387≤ μ≤195.455のいずれかの値となる

(2) 【Jリーグ】0.531，0.074，0.531，0.074，0.457，0.605，0.531，0.457≤ μ≤0.605のいずれかの値となる

(3) 【Pリーグ】0.964，0.017，0.964，0.017，0.947，0.980，0.964，0.947≤ μ≤0.980のいずれかの値となる

問題6.4：大標本の平均の区間推定

(1) 【エコカー】61738.069，6291.877，61738.069，6291.877，55446.193，68029.946，61738.069，55446.193≤ μ≤68029.946のいずれかの値となる

(2) 【スターバックス】147.857，18.098，147.857，18.098，129.760，165.955，147.857，129.760≤ μ≤165.955のいずれかの値となる

(3) 【マクドナルド】346.573，299.249，346.573，299.249，47.324，645.821，346.573，47.324≤ μ≤645.821のいずれかの値となる

(4) 【広島カープ】56.816，3.970，56.816，3.970，52.846，60.786，56.816，52.846≤ μ≤60.786のいずれかの値となる

第7章

問題7.1：小標本の平均の検定

(1) 【Jリーグ】$\mu=0.90$，$\mu\neq0.90$，17，±2.110，$-12.306<-2.110$，棄却する，異なるといえる

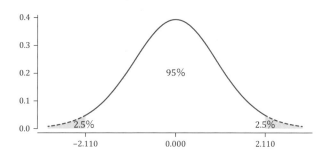

(2) 【Pリーグ】$\mu=0.90$，$\mu\neq0.90$，19，±2.093，$7.988>2.093$，棄却する，異なるといえる

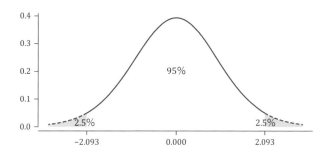

(3) 【スターバックス】$\mu=160$，$\mu<160$，15，-1.753，$-3.202<-1.753$，棄却する，少ないといえる

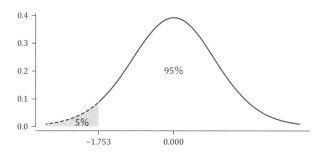

(4) 【コンビニ】$\mu=200$，$\mu\neq200$，9，±2.262，$-20.911<-2.262$，棄却する，異なるといえる

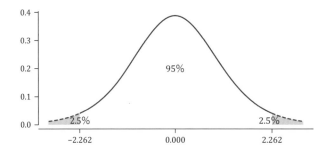

(5)　【広島カープ】$\mu=70$，$\mu\neq70$，26，±2.056，$-16.472<-2.056$，棄却する，異なるといえる

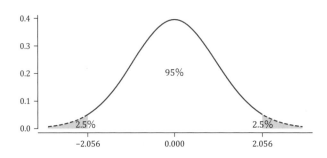

問題7.2：大標本の平均の検定

(1)　【エコカー】$\mu=80000$，$\mu\neq80000$，±1.96，$-11.114<-1.96$，棄却する，異なるといえる

(2)　【マクドナルド】$\mu=300$，$\mu\neq300$，±1.96，$0.305<1.96$，棄却しない，異なるといえない

第8章

問題8.1：分析ツール p 値による平均の差の検定（等分散）

(1)　【エコカー】$\mu_1=\mu_2$，$\mu_1\neq\mu_2$，$2.373\times10^{-11}<0.05$，棄却する，異なるといえる

(2)　【Ｊリーグ】$\mu_1=\mu_2$，$\mu_1\neq\mu_2$，$9.31254\times10^{-15}<0.05$，棄却する，異なるといえる

(3)　【スターバックス】$\mu_1=\mu_2$，$\mu_1<\mu_2$，$0.027<0.05$，棄却する，異なるといえる

(4)　【コンビニ】$\mu_1=\mu_2$，$\mu_1\neq\mu_2$，$1.075\times10^{-5}<0.05$，棄却する，異なるといえる

(5)　【広島カープ】$\mu_1=\mu_2$，$\mu_1<\mu_2$，$8.089\times10^{-8}<0.05$，棄却する，低いといえる

(6)　【マクドナルド】$\mu_1=\mu_2$，$\mu_1\neq\mu_2$，$0.890>0.05$，棄却しない，異なるといえない

問題8.2：分析ツール t 値による平均の差の検定（等分散）

(1)　【エコカー】$\mu_1=\mu_2$，$\mu_1\neq\mu_2$，±1.994，$-7.938<-1.994$，棄却する，異なるといえる

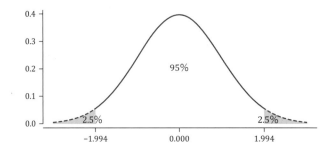

(2)　【Jリーグ】$\mu_1 = \mu_2$，$\mu_1 \neq \mu_2$，± 2.028，$-12.596 < -2.028$，棄却する，異なるといえる

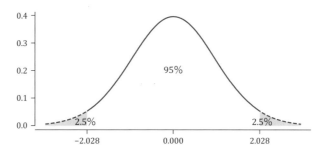

(3)　【スターバックス】$\mu_1 = \mu_2$，$\mu_1 < \mu_2$，-1.679，$-1.970 < -1.679$，棄却する，異なるといえる

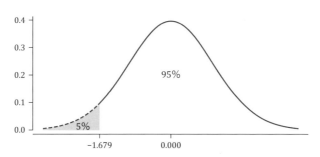

(4)　【コンビニ】$\mu_1 = \mu_2$，$\mu_1 \neq \mu_2$，± 2.110，$-6.147 < -2.110$，棄却する，異なるといえる

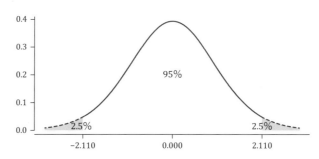

(5)　【広島カープ】$\mu_1 = \mu_2$，$\mu_1 < \mu_2$，-1.690，$-6.517 < -1.690$，棄却する，低いといえる

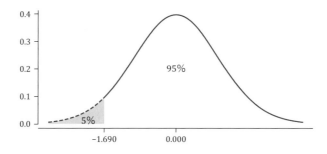

(6)　【マクドナルド】$\mu_1 = \mu_2$，$\mu_1 \neq \mu_2$，± 1.973，$0.138 < 1.9725$，棄却しない，異なるといえない

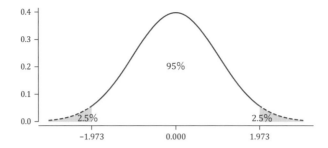

問題8.3：正規近似を用いた平均の差の検定（等分散）

(1) 【エコカー】 $-7.938 < -1.96$，棄却する，異なるといえる

(2) 【Jリーグ】 $-12.596 < -1.96$，棄却する，異なるといえる

(3) 【スターバックス】 $-1.970 < -1.64$，棄却する，異なるといえる

(4) 【広島カープ】 $-6.517 < -1.64$，棄却する，低いといえる

(5) 【マクドナルド】 $0.138 < 1.96$，棄却しない，異なるといえない

問題8.4：分析ツール P 値による平均の差の検定

(1) 【エコカー】 $\mu_1 = \mu_2$，$\mu_1 \neq \mu_2$，$2.373 \times 10^{-11} < 0.05$，棄却する，異なるといえる

(2) 【Jリーグ】 $\mu_1 = \mu_2$，$\mu_1 \neq \mu_2$，$2.585 \times 10^{-10} < 0.05$，棄却する，異なるといえる

(3) 【スターバックス】 $\mu_1 = \mu_2$，$\mu_1 < \mu_2$，$0.016 < 0.05$，棄却する，異なるといえる

(4) 【コンビニ】 $\mu_1 = \mu_2$，$\mu_1 \neq \mu_2$，$0.00015 < 0.05$，棄却する，異なるといえる

(5) 【広島カープ】 $\mu_1 = \mu_2$，$\mu_1 < \mu_2$，$0.00043 < 0.05$，棄却する，低いといえる

(6) 【マクドナルド】 $\mu_1 = \mu_2$，$\mu_1 \neq \mu_2$，$0.890 > 0.05$，棄却しない，異なるといえない

問題8.5：分析ツール t 値による平均の差の検定

(1) 【エコカー】 $\mu_1 = \mu_2$，$\mu_1 \neq \mu_2$，± 1.994，$-7.938 < -1.994$，棄却する，異なるといえる

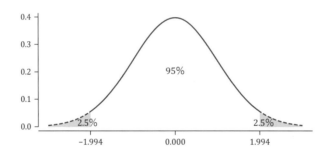

(2) 【Jリーグ】 $\mu_1 = \mu_2$，$\mu_1 \neq \mu_2$，± 2.093，$-12.002 < -2.093$，棄却する，異なるといえる

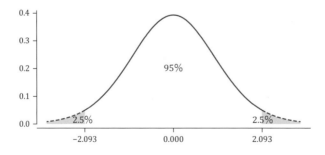

(3) 【スターバックス】 $\mu_1 = \mu_2$，$\mu_1 < \mu_2$，-1.682，$-2.226 < -1.682$，棄却する，異なるといえる

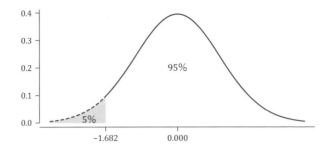

(4)　【コンビニ】$\mu_1=\mu_2$，$\mu_1\neq\mu_2$，±2.228，$-5.898<-2.228$，棄却する，異なるといえる

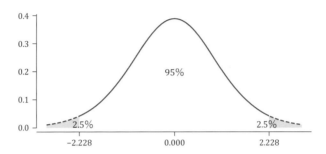

(5)　【広島カープ】$\mu_1=\mu_2$，$\mu_1<\mu_2$，-1.812，$-4.685<-1.812$，棄却する，低いといえる

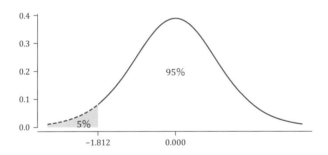

(6)　【マクドナルド】$\mu_1=\mu_2$，$\mu_1\neq\mu_2$，±1.973，$0.138<1.973$，棄却しない，異なるといえない

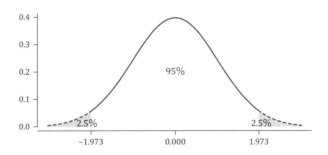

第9章

問題9.1：復習問題（コンビニ実質年間販売額）

(1)　図省略。190〜195，左寄り

(2) 196.464，42.426，6.514，平均的な実質年間販売額は196.464を中心に±6.514の範囲に分布している

(3) 196.464，3.139，196.464，3.139，193.325≦μ≦199.603，196.464，193.325≦μ≦199.603のいずれかの値となる

(4) $\mu=200$，$\mu<200$，9，-1.833，$-12.886<-1.833$，棄却する，低いといえる

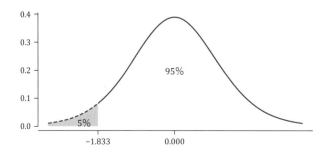

(5) $\mu_1=\mu_2$，$\mu_1\neq\mu_2$，$3.075\times10^{-6}<0.05$，棄却する，±2.110，$-6.804<-2.110$，棄却する，等しいといえない

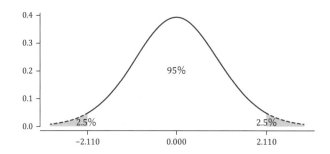

$4.050\times10^{-5}<0.05$，棄却する，±2.201，$-6.565<-2.201$，棄却する，等しいといえない

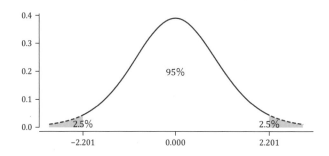

第10章

問題10.1：共分散と相関係数

(1) 【Jリーグ】右下がり，-0.023，増加する

(2) 【Pリーグ】右下がり，-0.287，増加する

(3) 【広島カープ】右下がり，-0.160，増加する

(4) 【マクドナルド】右上がり，0.241，増加する

問題10.2：相関係数の有意性の検定

(1) 【Jリーグ】 −0.023, $\rho=0$, $\rho\neq0$, 16, ±2.120, −0.092＞−2.120, 棄却しない, 有意な相関はみられなかった

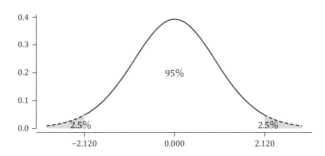

(2) 【Pリーグ】 −0.287, $\rho=0$, $\rho\neq0$, 18, ±2.101, −1.273＞−2.101, 棄却しない, 有意な相関はみられなかった

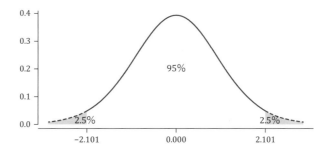

(3) 【広島カープ】 −0.160, $\rho=0$, $\rho\neq0$, 35, ±2.030, −0.960＞−2.030, 棄却しない, 有意な相関はみられなかった

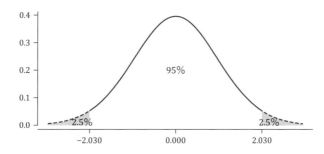

(4) 【マクドナルド】 0.241, $\rho=0$, $\rho\neq0$, 94, ±1.986, 2.406＞1.986, 棄却する, 有意な相関がみられた

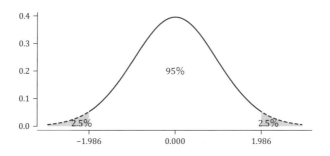

問題10.3：正規近似による相関係数の有意性の検定

(1) 【広島カープ】−0.160，$\rho=0$，$\rho\neq0$，−0.960＞−1.96，棄却しない，有意な相関はみられなかった

(2) 【マクドナルド】0.241，$\rho=0$，$\rho\neq0$，2.406＞1.96，棄却する，有意な相関がみられた

第11章

問題11.1：グラフによる直線のあてはめ

本文に解答を記載しているため省略。

問題11.2：最小二乗法

(1) 【Jリーグ】0.537，7.104，0.00064，−0.092，0.00053

(2) 【Pリーグ】0.982，60.257，0.0017，−1.273，0.0826

(3) 【広島カープ】61.286，12.064，1.282，−0.960，0.026

(4) 【マクドナルド】240.659，1.549，0.0000019，2.406，0.058

問題11.3：P値による有意性の検定

(1) 【Jリーグ】$\alpha=0$，$\alpha\neq0$，$\beta=0$，$\beta\neq0$，$2.497\times10^{-6}<0.05$，0.928＞0.05，有意であり，有意ではない

(2) 【Pリーグ】$\alpha=0$，$\alpha\neq0$，$\beta=0$，$\beta\neq0$，$3.216\times10^{-22}<0.05$，0.219＞0.05，有意であり，有意ではない

(3) 【広島カープ】$\alpha=0$，$\alpha\neq0$，$\beta=0$，$\beta\neq0$，$5.04\times10^{-14}<0.05$，0.344＞0.05，有意であり，有意ではない

(4) 【マクドナルド】$\alpha=0$，$\alpha\neq0$，$\beta=0$，$\beta\neq0$，0.125＞0.05，0.018＜0.05，有意ではなく，有意である

問題11.4：推定結果の解釈

(1) 【Jリーグ】有意ではない，順位によって変化するといえない

(2) 【Pリーグ】有意ではない，順位によって変化するといえない

(3) 【広島カープ】有意ではない，順位によって変化するといえない

(4) 【マクドナルド】有意である，2012年の国別店舗数が増加するといえ，2012年の国別人口が1増加すれば，国別店舗数は平均的に0.0000019増加する

第12章

問題12.1：分散の区間推定

(1) 【エコカー】71，52681126203，96.189，52681126203，49.592，547685167.1，1062287449，$547685167.1\leq\sigma^2\leq1062287449$のいずれかの値となる

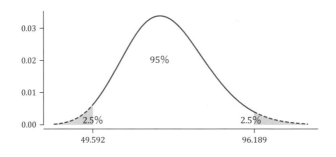

(2) 【Jリーグ】17，0.378，30.191，0.378，7.564，0.013，0.050，0.013≤σ²≤0.050 のいずれかの値となる

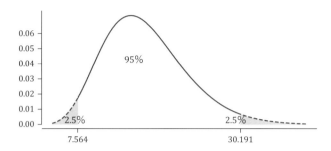

(3) 【Pリーグ】19，0.024，32.852，0.024，8.907，0.00073，0.0027，0.00073≤σ²≤0.0027 のいずれかの値となる

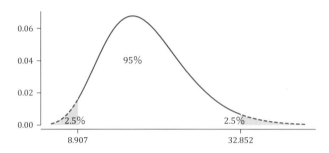

(4) 【スターバックス】46，184333.319，66.617，184333.319，29.160，2767.081，6321.433，2767.081≤σ²≤6321.433 のいずれかの値となる

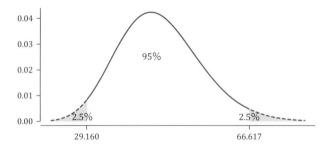

(5) 【コンビニ】18，713.235，31.526，713.235，8.231，22.623，86.655，22.623≤σ²≤86.655 のいずれかの値となる

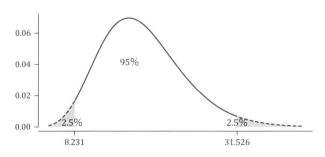

(6) 【広島カープ】36，5465.208，54.437，5465.208，21.336，100.395，256.151，100.395≤

$\sigma^2 \leq 256.151$ のいずれかの値となる

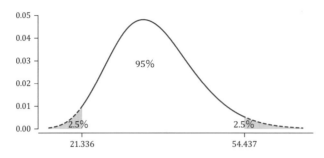

(7)【マクドナルド】95，212599735.5，123.858，212599735.5，69.925，1716480.105，3040402.425，1716480.105$\leq\sigma^2\leq$3040402.425 のいずれかの値となる

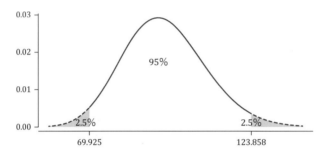

問題12.2：分散の検定

(1)【エコカー】$\sigma^2=$395709957.6，$\sigma^2\neq$395709957.6，35，20.569，53.203，35.066，20.569$<x^{2*}=$35.066$<$53.203，棄却しない，異なるといえない

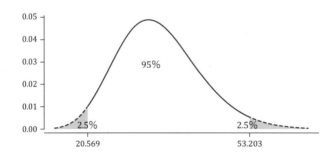

(2)【Jリーグ】$\sigma^2=$0.0013，$\sigma^2\neq$0.0013，17，7.564，30.191，297.739，7.564$<$30.191$<x^{2*}=$297.739，棄却する，異なるといえる

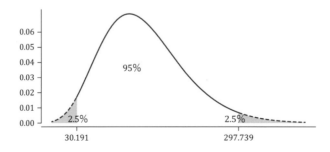

(3) 【P リーグ】$\sigma^2 = 0.022$，$\sigma^2 \neq 0.022$，19，8.907，32.852，1.085，$x^{2*} = 1.085 < 8.907 <$ 32.852，棄却する，異なるといえる

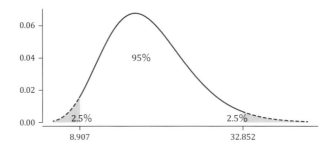

(4) 【スターバックス】$\sigma^2 = 4605.124$，$\sigma^2 \neq 4605.124$，15，6.262，27.488，6.849，$6.262 <$ $x^{2*} = 6.849 < 27.488$，棄却しない，異なるといえない

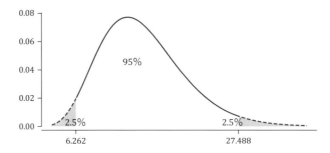

(5) 【コンビニ】$\sigma^2 = 23.705$，$\sigma^2 \neq 23.705$，9，2.700，19.023，1.336，$x^{2*} = 1.336 < 2.700 <$ 19.023，棄却する，異なるといえる

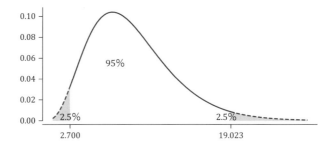

(6) 【広島カープ】$\sigma^2 = 174.229$，$\sigma^2 \neq 174.229$，26，13.844，41.923，5.171，$x^{2*} = 5.171 <$ 13.844 < 41.923，棄却する，異なるといえる

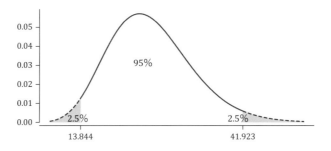

(7)　【マクドナルド】$\sigma^2 = 2166447.758$, $\sigma^2 \neq 2166447.758$, 95, 69.925, 123.858, 98.133, 69.925$<$$x^{2*}=98.133<$123.858, 棄却しない, 異なるといえない

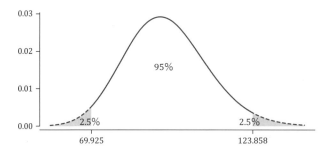

問題12.3：分析ツール P 値による分散比の検定

(1)　【エコカー】$\sigma_1^2 = \sigma_2^2$, $\sigma_1^2 > \sigma_2^2$, 0.498$>$0.05, 棄却しない, 大きいとはいえない

(2)　【Jリーグ】$\sigma_1^2 = \sigma_2^2$, $\sigma_1^2 > \sigma_2^2$, 3.627$\times 10^{-8}$$<$0.05, 棄却する, 大きいといえる

(3)　【スターバックス】$\sigma_1^2 = \sigma_2^2$, $\sigma_1^2 < \sigma_2^2$, 0.055$>$0.05, 棄却しない, 小さいとはいえない

(4)　【コンビニ】$\sigma_1^2 = \sigma_2^2$, $\sigma_1^2 < \sigma_2^2$, 0.0049$<$0.05, 棄却する, 小さいといえる

(5)　【広島カープ】$\sigma_1^2 = \sigma_2^2$, $\sigma_1^2 < \sigma_2^2$, 0.00057$<$0.05, 棄却する, 小さいといえる

(6)　【マクドナルド】$\sigma_1^2 = \sigma_2^2$, $\sigma_1^2 > \sigma_2^2$, 0.437$>$0.05, 棄却しない, 大きいとはいえない

問題12.4：分析ツール F 値による分散比の検定

(1)　【エコカー】$\sigma_1^2 = \sigma_2^2$, $\sigma_1^2 > \sigma_2^2$, 1.757, 1.002$<$1.757, 棄却しない, 大きいとはいえない

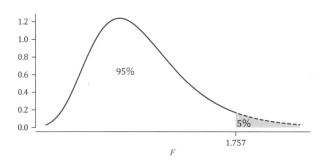

(2)　【Jリーグ】$\sigma_1^2 = \sigma_2^2$, $\sigma_1^2 > \sigma_2^2$, 2.198, 17.514$>$2.198, 棄却する, 大きいといえる

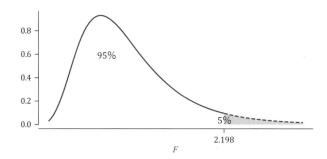

(3) 【スターバックス】$\sigma_1^2 = \sigma_2^2$,　$\sigma_1^2 < \sigma_2^2$,　0.445,　0.457＞0.445,　棄却しない，小さいといえない

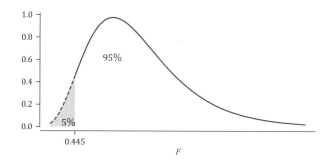

(4) 【コンビニ】$\sigma_1^2 = \sigma_2^2$,　$\sigma_1^2 < \sigma_2^2$,　0.310,　0.148＜0.310,　棄却する，小さいといえる

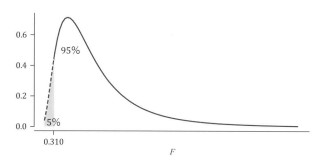

(5) 【広島カープ】$\sigma_1^2 = \sigma_2^2$,　$\sigma_1^2 < \sigma_2^2$,　0.441,　0.199＜0.441,　棄却する，小さくなったといえる

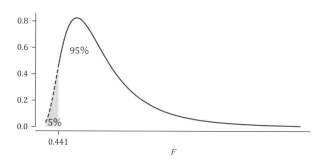

(6) 【マクドナルド】$\sigma_1^2 = \sigma_2^2$,　$\sigma_1^2 > \sigma_2^2$,　1.404,　1.033＜1.404,　棄却しない，大きいといえない

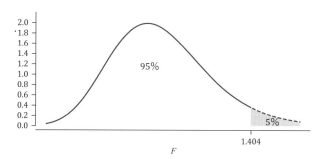

問題12.5：分散比の両側検定

(1) 【エコカー】$\sigma_1^2 = \sigma_2^2$, $\sigma_1^2 \neq \sigma_2^2$, (35,35), 0.510, 1.961, $0.510 < F^* = 1.002 < 1.961$, 棄却しない，異なるといえない

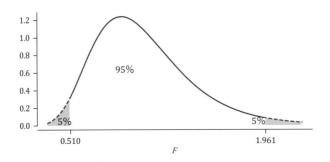

(2) 【Jリーグ】$\sigma_1^2 = \sigma_2^2$, $\sigma_1^2 \neq \sigma_2^2$, (17,19), 0.380, 2.567, $0.380 < 2.567 < F^* = 17.514$, 棄却する，異なるといえる

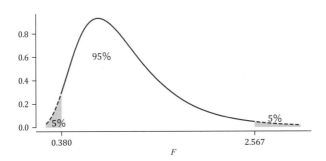

(3) 【スターバックス】$\sigma_1^2 = \sigma_2^2$, $\sigma_1^2 \neq \sigma_2^2$, (15,30), 0.378, 2.307, $0.378 < F^* = 0.457 < 2.307$, 棄却しない，異なるといえない

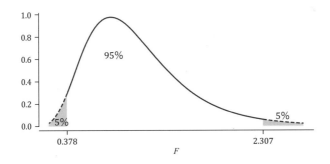

(4) 【コンビニ】$\sigma_1^2 = \sigma_2^2$, $\sigma_1^2 \neq \sigma_2^2$, (9,8), 0.244, 4.357, $F^* = 0.148 < 0.244 < 4.357$, 棄却する，異なるといえる

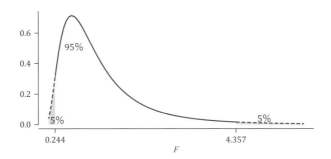

(5)　【広島カープ】$\sigma_1^2 = \sigma_2^2$，$\sigma_1^2 \neq \sigma_2^2$，$(26,9)$，$0.377$，$3.594$，$F^* = 0.199 < 0.377 < 3.594$，棄却する，異なるといえる

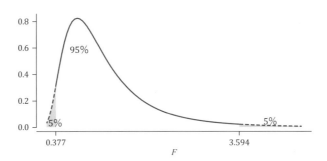

(6)　【マクドナルド】$\sigma_1^2 = \sigma_2^2$，$\sigma_1^2 \neq \sigma_2^2$，$(95,95)$，$0.667$，$1.499$，$0.667 < F^* = 1.033 < 1.499$，棄却しない，異なるといえない

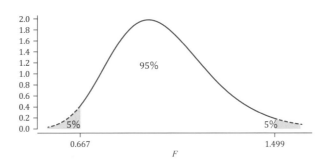

第13章

問題13.1：分析結果のまとめ（PowerPoint）

解答省略。

第14章

問題14.1：記述式問題（TOYOTAの株価の収益率）

(1)　図省略，左右対称

(2)　0.243，58.221，7.630，平均的な収益率は0.243を中心に± 7.630の範囲に分布している

(3)　nが大きい，標準正規，0.243，1.365，0.243，1.365，$-1.122 \leq \mu \leq 1.608$，$0.243$，$-1.122 \leq \mu \leq 1.6083$のいずれかの値となり，マイナスの収益率も含まれている

(4)　$\mu=0$，$\mu>0$，nが大きい，標準正規，1.645，0.349，0.349<1.645，棄却しない，ゼロ以上であるとはいえない

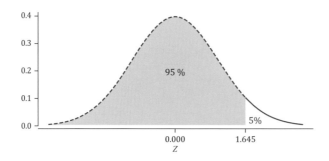

(5)　$\mu_x=\mu_y$，$\mu_x>\mu_y$，0.463>0.05，棄却しない，高いとはいえない，1.64，1.652，0.092<1.64，棄却しない，高いとはいえない

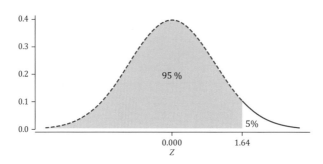

(6)　$\rho=0$，$\rho\neq0$，±1.96，13.324>1.96，棄却する，有意な相関がみられる

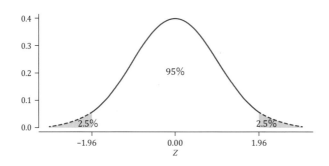

(7)　0.069，0.155，1.065，13.324，0.601，$\alpha=0$，$\alpha\neq0$，$\beta=0$，$\beta\neq0$，0.877>0.05，2.813×10^{-25}<0.05，有意でなく，有意である，有意である，TOPIXの収益率が上昇すれば，TOYOTAの収益率も上昇する

付録B　問題補足

第1章

問題補足なし。

第2章

問題2.1：平均・分散・標準偏差

(1) 【エコカー】

$$\bar{x} = \frac{1}{n}\sum_{i=1}^{n} x_i = \boxed{61738.069}$$

$$s^2 = \frac{1}{n-1}\sum_{i=1}^{n}(x_i - \bar{x})^2 = \boxed{741987693}$$

$$s = \sqrt{s^2} = \boxed{27239.451}$$

(2) 【コンビニ】

$$\bar{x} = \frac{1}{n}\sum_{i=1}^{n} x_i = \boxed{192.421}$$

$$s^2 = \frac{1}{n-1}\sum_{i=1}^{n}(x_i - \bar{x})^2 = \boxed{39.624}$$

$$s = \sqrt{s^2} = \boxed{6.295}$$

(3) 【スターバックス】

$$\bar{x} = \frac{1}{n}\sum_{i=1}^{n} x_i = \boxed{147.857}$$

$$s^2 = \frac{1}{n-1}\sum_{i=1}^{n}(x_i - \bar{x})^2 = \boxed{4007.246}$$

$$s = \sqrt{s^2} = \boxed{63.303}$$

(4) 【マクドナルド】

$$\bar{x} = \frac{1}{n}\sum_{i=1}^{n} x_i = \boxed{346.573}$$

$$s^2 = \frac{1}{n-1}\sum_{i=1}^{n}(x_i - \bar{x})^2 = \boxed{2237891.953}$$

$$s = \sqrt{s^2} = \boxed{1495.959}$$

(5) 【広島カープ】

$$\bar{x} = \frac{1}{n} \sum_{i=1}^{n} x_i = \boxed{56.816}$$

$$s^2 = \frac{1}{n-1} \sum_{i=1}^{n} (x_i - \bar{x})^2 = \boxed{151.811}$$

$$s = \sqrt{s^2} = \boxed{12.321}$$

(6) 【Jリーグ】

$$\bar{x} = \frac{1}{n} \sum_{i=1}^{n} x_i = \boxed{0.531}$$

$$s^2 = \frac{1}{n-1} \sum_{i=1}^{n} (x_i - \bar{x})^2 = \boxed{0.022}$$

$$s = \sqrt{s^2} = \boxed{0.149}$$

(7) 【Pリーグ】

$$\bar{x} = \frac{1}{n} \sum_{i=1}^{n} x_i = \boxed{0.964}$$

$$s^2 = \frac{1}{n-1} \sum_{i=1}^{n} (x_i - \bar{x})^2 = \boxed{0.0013}$$

$$s = \sqrt{s^2} = \boxed{0.036}$$

第3章

問題補足なし。

第4章

問題4.1：標準正規分布の確率

(1) $P(Z < \boxed{-1.281}) = 0.10$

(2) $P(Z < \boxed{-1.645}) = 0.050$

(3) $P(Z < \boxed{-2.326}) = 0.01$

(4) $P(Z < -\boxed{1.645}) + P(Z > \boxed{1.645}) = 0.10$

(5) $P(Z < -\boxed{2.576}) + P(Z > \boxed{2.576}) = 0.01$

問題4.2：一般的な正規分布の確率

(1) 【エコカー】

$$P(X \leq 61500 + 1.645 \times 3210.20)$$

$$= P\left(\frac{X - \boxed{61500}}{\boxed{3210.20}} \leq \frac{(61500 + 1.645 \times 3210.20) - \boxed{61500}}{\boxed{3210.20}} \right)$$

基準化された変数は，標準正規分布 Z に従うことから，

$$P\left(\frac{X - \boxed{61500}}{\boxed{3210.20}} \leq \boxed{1.645}\right) = P(Z \leq \boxed{1.645}) = 0.950$$

(2)　【スターバックス】

$$P(X \leq 150 + 1.645 \times 9.234)$$

$$= P\left(\frac{X - \boxed{150}}{\boxed{9.234}} \leq \frac{(150 + 1.645 \times 9.234) - \boxed{150}}{\boxed{9.234}}\right)$$

基準化された変数は，標準正規分布 Z に従うことから，

$$P\left(\frac{X - \boxed{150}}{\boxed{9.234}} \leq \boxed{1.645}\right) = P(Z \leq \boxed{1.645}) = 0.950$$

(3)　【マクドナルド】

$$P(X \leq 350 + 1.645 \times 152.68)$$

$$= P\left(\frac{X - \boxed{350}}{\boxed{152.68}} \leq \frac{(350 + 1.645 \times 152.68) - \boxed{350}}{\boxed{152.68}}\right)$$

基準化された変数は，標準正規分布 Z に従うことから，

$$P\left(\frac{X - \boxed{350}}{\boxed{152.68}} \leq \boxed{1.645}\right) = P(Z \leq \boxed{1.645}) = 0.950$$

(4)　【広島カープ】

$$P(X \leq 55 + 1.645 \times 2.026)$$

$$= P\left(\frac{X - \boxed{55}}{\boxed{2.026}} \leq \frac{(55 + 1.645 \times 2.026) - \boxed{55}}{\boxed{2.026}}\right)$$

基準化された変数は，標準正規分布 Z に従うことから，

$$P\left(\frac{X - \boxed{55}}{\boxed{2.026}} \leq \boxed{1.645}\right) = P(Z \leq \boxed{1.645}) = 0.950$$

第5章

問題 5.1：母分散既知の標本平均の分布

(1)　【エコカー】　$\bar{X} \sim N(61500, 3210.200^2)$

(2)　【スターバックス】　$\bar{X} \sim N(150, 9.234^2)$

(3)　【マクドナルド】　$\bar{X} \sim N(350, 152.681^2)$

(4)　【広島カープ】　$\bar{X} \sim N(55, 2.026^2)$

第6章

問題6.2：t分布の確率

(1) 【コンビニ】式で表せば,

$$t = \frac{\bar{X} - \mu}{\sqrt{s^2/n}} \sim \boxed{t(18)}$$

確率は, $P(-\boxed{2.101} \leq t \leq \boxed{2.101}) = 0.95$

(2) 【Jリーグ】式で表せば,

$$t = \frac{\bar{X} - \mu}{\sqrt{s^2/n}} \sim \boxed{t(17)}$$

確率は, $P(-\boxed{2.110} \leq t \leq \boxed{2.110}) = 0.95$

(3) 【Pリーグ】式で表せば,

$$t = \frac{\bar{X} - \mu}{\sqrt{s^2/n}} \sim \boxed{t(19)}$$

確率は, $P(-\boxed{2.093} \leq t \leq \boxed{2.093}) = 0.95$

問題6.3：小標本の平均の区間推定

(1) 【コンビニ】自由度18のt分布に従う。

$$t = \frac{\bar{X} - \mu}{\sqrt{s^2/n}} \sim \boxed{t(18)}$$

この分布では$P(-2.101 \leq t \leq 2.101) = 0.95$を満たし,

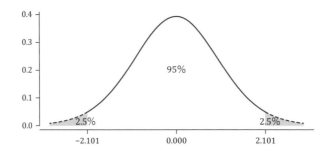

したがって, μの95%信頼区間は,

$$192.421 - 2.101 \sqrt{\frac{\boxed{39.624}}{\boxed{19}}} \leq \mu \leq 192.421 + 2.101 \sqrt{\frac{\boxed{39.624}}{\boxed{19}}}$$

(2) 【Jリーグ】自由度17のt分布に従う。

$$t = \frac{\bar{X} - \mu}{\sqrt{s^2/n}} \sim \boxed{t(17)}$$

この分布では$P(-2.110 \leq t \leq 2.110) = 0.95$を満たし,

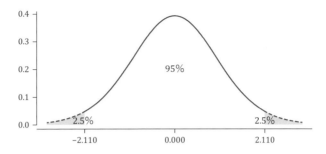

したがって，μ の 95% 信頼区間は，

$$0.531-2.110\sqrt{\dfrac{\boxed{0.022}}{\boxed{18}}}\leq\mu\leq0.531+2.110\sqrt{\dfrac{\boxed{0.022}}{\boxed{18}}}$$

(3) 【P リーグ】自由度 19 の t 分布に従う。

$$t=\dfrac{\bar{X}-\mu}{\sqrt{s^2/n}}\sim\boxed{t(19)}$$

この分布では $P(-2.093\leq t\leq2.093)=0.95$ を満たし，

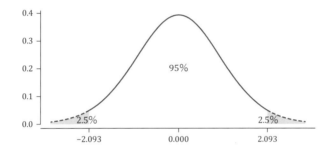

したがって，μ の 95% 信頼区間は，

$$0.964-2.093\sqrt{\dfrac{\boxed{0.0013}}{\boxed{20}}}\leq\mu\leq0.964+2.093\sqrt{\dfrac{\boxed{0.0013}}{\boxed{20}}}$$

問題 6.4：大標本の平均の区間推定

(1) 【エコカー】

$$61738.069-1.96\sqrt{\dfrac{\boxed{741987693}}{\boxed{72}}}\leq\mu\leq61738.069+1.96\sqrt{\dfrac{\boxed{741987693}}{\boxed{72}}}$$

(2) 【スターバックス】

$$147.857-1.96\sqrt{\dfrac{\boxed{4007.246}}{\boxed{47}}}\leq\mu\leq147.857+1.96\sqrt{\dfrac{\boxed{4007.246}}{\boxed{47}}}$$

(3) 【マクドナルド】

$$346.573-1.96\sqrt{\dfrac{\boxed{2237891.953}}{\boxed{96}}}\leq\mu\leq346.573+1.96\sqrt{\dfrac{\boxed{2237891.953}}{\boxed{96}}}$$

(4) 【広島カープ】

$$56.816 - 1.96 \sqrt{\dfrac{\boxed{151.811}}{\boxed{37}}} \leq \mu \leq 56.816 + 1.96 \sqrt{\dfrac{\boxed{151.811}}{\boxed{37}}}$$

第7章

問題7.1：小標本の平均の検定

(1) 【Jリーグ】帰無仮説の下で，母集団の分散が未知なので，

$$t = \dfrac{\bar{X} - \boxed{0.90}}{\sqrt{s^2/n}} \sim t(\boxed{17})$$

データより，

$$t^* = \dfrac{\bar{x} - 0.90}{\sqrt{s^2/n}} = \dfrac{0.531 - 0.90}{\sqrt{\boxed{0.022}/18}} = \dfrac{0.531 - 0.90}{\boxed{0.035}} = -12.306$$

(2) 【Pリーグ】帰無仮説の下で，母集団の分散が未知なので，

$$t = \dfrac{\bar{X} - \boxed{0.90}}{\sqrt{s^2/n}} \sim t(\boxed{19})$$

データより，

$$t^* = \dfrac{\bar{x} - 0.90}{\sqrt{s^2/n}} = \dfrac{0.964 - 0.90}{\sqrt{\boxed{0.0013}/20}} = \dfrac{0.964 - 0.90}{\boxed{0.0080}} = 7.988$$

(3) 【スターバックス】帰無仮説の下で，母集団の分散が未知なので，

$$t = \dfrac{\bar{X} - \boxed{160}}{\sqrt{s^2/n}} \sim t(\boxed{15})$$

データより，

$$t^* = \dfrac{\bar{x} - 160}{\sqrt{s^2/n}} = \dfrac{123.291 - 160}{\sqrt{\boxed{2102.631}/16}} = \dfrac{123.291 - 160}{\boxed{11.464}} = -3.202$$

(4) 【コンビニ】帰無仮説の下で，母集団の分散が未知なので，

$$t = \dfrac{\bar{X} - \boxed{200}}{\sqrt{s^2/n}} \sim t(\boxed{9})$$

データより，

$$t^* = \dfrac{\bar{x} - 200}{\sqrt{s^2/n}} = \dfrac{187.594 - 200}{\sqrt{\boxed{3.520}/10}} = \dfrac{187.594 - 200}{\boxed{1.876}} = -20.911$$

(5) 【広島カープ】帰無仮説の下で，母集団の分散が未知なので，

$$t = \dfrac{\bar{X} - \boxed{70}}{\sqrt{s^2/n}} \sim t(\boxed{26})$$

データより，

$$t^* = \dfrac{\bar{x} - 70}{\sqrt{s^2/n}} = \dfrac{51.339 - 70}{\sqrt{\boxed{34.649}/27}} = \dfrac{51.339 - 70}{\boxed{1.133}} = -16.472$$

問題7.2：大標本の平均の検定

(1) 【エコカー】

$$z = \dfrac{43119.889 - \boxed{80000}}{\sqrt{\dfrac{\boxed{396383973.9}}{36}}} = \dfrac{43119.889 - \boxed{80000}}{\boxed{3318.232}} = -11.114$$

(2) 【マクドナルド】

$$z = \frac{346.573 - \boxed{300}}{\sqrt{\dfrac{\boxed{2237891.953}}{96}}} = \frac{346.573 - \boxed{300}}{\boxed{152.681}} = 0.305$$

第8章

問題 8.2 : 分析ツール t 値による平均の差の検定 (等分散)

(1) 【エコカー】帰無仮説の下で，検定統計量は自由度 $\boxed{70}$ の t 分布に従い，データから，検定統計量の値は，

$$s^2 = \frac{1}{m+n-2}\left(\sum_{i=1}^{m}(x_i-\bar{x})^2 + \sum_{i=1}^{n}(y_i-\bar{y})^2\right) = \boxed{396046965.8}$$

$$t^* = \frac{\bar{x}-\bar{y}}{\sqrt{s^2(1/m+1/n)}} = \frac{\boxed{43119.889} - \boxed{80356.25}}{\sqrt{s^2\left(1/\boxed{36}+1/\boxed{36}\right)}} = -7.938$$

(2) 【Jリーグ】帰無仮説の下で，検定統計量は，自由度 $\boxed{36}$ の t 分布に従う。データから，検定統計量の値は

$$s^2 = \frac{1}{m+n-2}\left(\sum_{i=1}^{m}(x_i-\bar{x})^2 + \sum_{i=1}^{n}(y_i-\bar{y})^2\right) = \boxed{0.011}$$

$$t^* = \frac{\bar{x}-\bar{y}}{\sqrt{s^2(1/m+1/n)}} = \frac{\boxed{0.531} - \boxed{0.964}}{\sqrt{s^2\left(1/\boxed{18}+1/\boxed{20}\right)}} = -12.596$$

(3) 【スターバックス】帰無仮説の下で，検定統計量は，自由度 $\boxed{45}$ の t 分布に従う。データから，検定統計量の値は

$$s^2 = \frac{1}{m+n-2}\left(\sum_{i=1}^{m}(x_i-\bar{x})^2 + \sum_{i=1}^{n}(y_i-\bar{y})^2\right) = \boxed{3770.959}$$

$$t^* = \frac{\bar{x}-\bar{y}}{\sqrt{s^2(1/m+1/n)}} = \frac{\boxed{123.291} - \boxed{160.537}}{\sqrt{s^2\left(1/\boxed{16}+1/\boxed{31}\right)}} = -1.970$$

(4) 【コンビニ】帰無仮説の下で，検定統計量は自由度 $\boxed{17}$ の t 分布に従う。データから，検定統計量の値は

$$s^2 = \frac{1}{m+n-2}\left(\sum_{i=1}^{m}(x_i-\bar{x})^2 + \sum_{i=1}^{n}(y_i-\bar{y})^2\right) = \boxed{13.019}$$

$$t^* = \frac{\bar{x}-\bar{y}}{\sqrt{s^2(1/m+1/n)}} = \frac{\boxed{187.594} - \boxed{197.785}}{\sqrt{s^2\left(1/\boxed{10}+1/\boxed{9}\right)}} = -6.147$$

(5) 【広島カープ】帰無仮説の下で，検定統計量は，自由度 $\boxed{35}$ の t 分布に従う。データから，検定統計量の値は

$$s^2 = \frac{1}{m+n-2}\left(\sum_{i=1}^{m}(x_i-\bar{x})^2 + \sum_{i=1}^{n}(y_i-\bar{y})^2\right) = \boxed{70.541}$$

$$t^* = \frac{\bar{x}-\bar{y}}{\sqrt{s^2(1/m+1/n)}} = \frac{\boxed{51.339} - \boxed{71.603}}{\sqrt{s^2\left(1/\boxed{27}+1/\boxed{10}\right)}} = -6.517$$

(6) 【マクドナルド】帰無仮説の下で，検定統計量は，自由度 $\boxed{190}$ の t 分布に従う。データから，検定統計量の値は，

$$s^2 = \frac{1}{m+n-2}\left(\sum_{i=1}^{m}(x_i-\bar{x})^2 + \sum_{i=1}^{n}(y_i-\bar{y})^2\right) = \boxed{2202169.855}$$

$$t^* = \frac{\bar{x}-\bar{y}}{\sqrt{s^2(1/m+1/n)}} = \frac{\boxed{346.573}-\boxed{317.010}}{\sqrt{s^2\left(1/\boxed{96}+1/\boxed{96}\right)}} = 0.138$$

問題 8.5：分析ツール t 値による平均の差の検定

(1) 【エコカー】帰無仮説の下で，検定統計量は，自由度 $\boxed{70}$ の t 分布に従う。前期を X，後期を Y とする。データから，

$$s_1^2 = \frac{1}{m-1}\sum_{i=1}^{m}(x_i-\bar{x})^2 = \boxed{396383973.9}$$

$$s_2^2 = \frac{1}{n-1}\sum_{i=1}^{n}(y_i-\bar{y}) = \boxed{395709957.6}$$

より，検定統計量の値は，

$$t^* = \frac{\bar{x}-\bar{y}}{\sqrt{(s_1^2/m+s_2^2/n)}} = \frac{\boxed{43119.889}-\boxed{80356.25}}{\sqrt{\left(s_1^2/\boxed{36}+s_2^2/\boxed{36}\right)}} = -7.938$$

(2) 【J リーグ】帰無仮説の下で，検定統計量は自由度 $\boxed{19}$ の t 分布に従う。J リーグを X，プレミアリーグを Y とする。データから，

$$s_1^2 = \frac{1}{m-1}\sum_{i=1}^{m}(x_i-\bar{x})^2 = \boxed{0.022}$$

$$s_2^2 = \frac{1}{n-1}\sum_{i=1}^{n}(y_i-\bar{y}) = \boxed{0.0013}$$

より，

$$t^* = \frac{\bar{x}-\bar{y}}{\sqrt{(s_1^2/m+s_2^2/n)}} = \frac{\boxed{0.531}-\boxed{0.964}}{\sqrt{\left(s_1^2/\boxed{18}+s_2^2/\boxed{20}\right)}} = -12.002$$

(3) 【スターバックス】帰無仮説の下で，検定統計量は，自由度 $\boxed{42}$ の t 分布に従う。政令指定都市のある 16 地域（東京都を含む）を X，それ以外の地域を Y とする。データから，

$$s_1^2 = \frac{1}{m-1}\sum_{i=1}^{m}(x_i-\bar{x})^2 = \boxed{2102.631}$$

$$s_2^2 = \frac{1}{n-1}\sum_{i=1}^{n}(y_i-\bar{y}) = \boxed{4605.124}$$

より，

$$t^* = \frac{\bar{x}-\bar{y}}{\sqrt{(s_1^2/m+s_2^2/n)}} = \frac{\boxed{123.291}-\boxed{160.537}}{\sqrt{\left(s_1^2/\boxed{16}+s_2^2/\boxed{31}\right)}} = -2.226$$

(4) 【コンビニ】帰無仮説の下で，検定統計量は，自由度 $\boxed{10}$ の t 分布に従う。2007 年以前（H10–H19）の 1 店舗当たりの販売額（単位：百万円）を X，2008 年以降（H20–H28）を Y とする。データから，

$$s_1^2 = \frac{1}{m-1}\sum_{i=1}^{m}(x_i-\bar{x})^2 = \boxed{3.520}$$

$$s_2^2 = \frac{1}{n-1}\sum_{i=1}^{n}(y_i - \bar{y}) = \boxed{23.705}$$

より,

$$t^* = \frac{\bar{x} - \bar{y}}{\sqrt{(s_1^2/m + s_2^2/n)}} = \frac{\boxed{187.594} - \boxed{197.785}}{\sqrt{\left(s_1^2\!\big/\boxed{10} + s_2^2\!\big/\boxed{9}\right)}} = -5.898$$

(5) 【広島カープ】帰無仮説の下で, 検定統計量は自由度 $\boxed{10}$ の t 分布に従う。CS開始前を X, CS開始後を Y とする。データから,

$$s_1^2 = \frac{1}{m-1}\sum_{i=1}^{m}(x_i - \bar{x})^2 = \boxed{34.649}$$

$$s_2^2 = \frac{1}{n-1}\sum_{i=1}^{n}(y_i - \bar{y}) = \boxed{174.229}$$

より,

$$t^* = \frac{\bar{x} - \bar{y}}{\sqrt{(s_1^2/m + s_2^2/n)}} = \frac{\boxed{51.339} - \boxed{71.603}}{\sqrt{\left(s_1^2\!\big/\boxed{27} + s_2^2\!\big/\boxed{10}\right)}} = -4.685$$

(6) 【マクドナルド】帰無仮説の下で, 自由度 $\boxed{190}$ の t 分布に従う。2012年の国別店舗数を X, 2007年を Y とする。データから,

$$s_1^2 = \frac{1}{m-1}\sum_{i=1}^{m}(x_i - \bar{x})^2 = \boxed{2237891.953}$$

$$s_2^2 = \frac{1}{n-1}\sum_{i=1}^{n}(y_i - \bar{y}) = \boxed{2166447.758}$$

より,

$$t^* = \frac{\bar{x} - \bar{y}}{\sqrt{(s_1^2/m + s_2^2/n)}} = \frac{\boxed{346.573} - \boxed{317.010}}{\sqrt{\left(s_1^2\!\big/\boxed{96} + s_2^2\!\big/\boxed{96}\right)}} = 0.138$$

第9章

問題9.1：復習問題（コンビニ実質年間販売額） 小問ごとに記載している。

(1) 問題とは異なるが, 横軸に時間をとった線グラフもデータの動きを表す図として望ましい。

(2)

$$\bar{x} = \frac{1}{n}\sum_{i=1}^{n}x_i = \boxed{196.464}$$

$$s^2 = \frac{1}{n-1}\sum_{i=1}^{n}(x_i - \bar{x}^2) = \boxed{42.426}$$

$$s = \sqrt{s^2} = \boxed{6.514}$$

(3) 母集団の分散が未知なので

$$t = \frac{\bar{X} - \mu}{\sqrt{s^2/n}} \sim \boxed{t(18)}$$

この分布の $P(-c \le t \le c) = 0.95$ を満たす c は $c = 2.101$ となる。

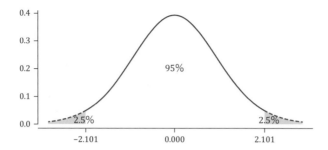

この式を $\bar{X}$ を使って書き直せば，

$$P(-2.101 \leq \frac{\bar{X}-\mu}{\sqrt{s^2/n}} \leq 2.101) = 0.95$$

$$196.464 - 2.101 \sqrt{\frac{\boxed{42.426}}{\boxed{19}}} \leq \mu \leq 196.464 + 2.101 \sqrt{\frac{\boxed{42.426}}{\boxed{19}}}$$

(4)　帰無仮説の下で，母集団の分散が未知なので

$$t = \frac{\bar{X} - \boxed{200}}{\sqrt{s^2/n}} \sim \boxed{t(9)}$$

データから，検定統計量の値は，

$$t^* = \frac{191.320 - 200}{\sqrt{\boxed{4.537}/10}} = -12.886$$

(5)　2 つの母集団の分散が等しい場合，帰無仮説の下で，母集団の分散が未知なので

$$t = \frac{\bar{X} - \bar{Y}}{\sqrt{s^2(1/m + 1/n)}} \sim \boxed{t(17)}$$

データから，

$$s^2 = \frac{1}{m+n-2}\left(\sum_{i=1}^{m}(x_i - \bar{x})^2 + \sum_{i=1}^{n}(y_i - \bar{y})^2\right) = \boxed{12.067}$$

$$t^* = \frac{\bar{x} - \bar{y}}{\sqrt{s^2(1/m + 1/n)}} = \frac{\boxed{191.320} - \boxed{202.179}}{\sqrt{s^2(1/\boxed{10} + 1/\boxed{9})}} = -6.804$$

　2 つの母集団の分散が等しくない場合，帰無仮説の下で，

$$t = \frac{\bar{X} - \bar{Y}}{\sqrt{(s_1^2/m + s_2^2/n)}} \sim \boxed{t(11)}$$

データから，

$$s_1^2 = \frac{1}{m-1}\sum_{i=1}^{m}(X_i - \bar{X})^2 \boxed{4.537}$$

$$s_2^2 = \frac{1}{n-1}\sum_{i=1}^{n}(Y_i - \bar{Y})^2 \boxed{20.537}$$

$$t^* = \frac{\bar{x} - \bar{y}}{\sqrt{(s_1^2/m + s_2^2/n)}} = \frac{\boxed{191.320} - \boxed{202.179}}{\sqrt{(s_1^2/\boxed{10} + s_2^2/\boxed{9})}} = -6.565$$

第10章

問題10.2：相関係数の有意性の検定

(1) 【Jリーグ】帰無仮説の下で，$n=20$ より，

$$t=\frac{r\sqrt{n-2}}{\sqrt{1-r^2}}\sim t(18)$$

$$t^*=\frac{\boxed{-0.023}\sqrt{\boxed{20}-2}}{\sqrt{1-(\boxed{-0.023})^2}}=-0.092$$

(2) 【Pリーグ】帰無仮説の下で，$n=20$ より，

$$t=\frac{r\sqrt{n-2}}{\sqrt{1-r^2}}\sim t(18)$$

$$t^*=\frac{\boxed{-0.287}\sqrt{\boxed{20}-2}}{\sqrt{1-(\boxed{-0.287})^2}}=-1.273$$

(3) 【広島カープ】帰無仮説の下で，$n=37$ より，

$$t=\frac{r\sqrt{n-2}}{\sqrt{1-r^2}}\sim t(35)$$

$$t^*=\frac{\boxed{-0.160}\sqrt{\boxed{37}-2}}{\sqrt{1-(\boxed{-0.160})^2}}=-0.960$$

(4) 【マクドナルド】帰無仮説の下で，$n=96$ より，

$$t=\frac{r\sqrt{n-2}}{\sqrt{1-r^2}}\sim t(94)$$

$$t^*=\frac{\boxed{0.241}\sqrt{\boxed{37}-2}}{\sqrt{1-(\boxed{0.241})^2}}=2.406$$

第11章

問題11.3：P値による有意性の検定

(1) 【Jリーグ】帰無仮説の下で，最小二乗推定量は，

$$t_\alpha=\frac{\hat{\alpha}-0}{\sqrt{s_{\hat{\alpha}}^2}}\sim \boxed{t(16)}\quad,\quad t_\beta=\frac{\hat{\beta}-0}{\sqrt{s_{\hat{\beta}}^2}}\sim \boxed{t(16)}$$

有意水準5%の棄却域の臨界値は $\boxed{\pm 2.120}$ である。

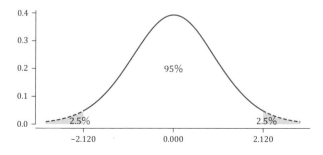

推定結果から, t値は,

$$|t_\alpha^*| = \left|\frac{\hat{\alpha}-0}{\sqrt{s_{\hat{\alpha}}^2}}\right| = \boxed{\frac{\boxed{0.537}}{\boxed{0.076}}} = 7.104 \boxed{>2.120}$$

$$|t_\beta^*| = \left|\frac{\hat{\beta}-0}{\sqrt{s_{\hat{\beta}}^2}}\right| = \boxed{\frac{\boxed{-0.00064}}{\boxed{0.0070}}} = 0.092 \boxed{<2.120}$$

したがって, 有意水準5%で, αは有意, βは有意ではない。

(2) 【Pリーグ】帰無仮説の下で, 最小二乗推定量は,

$$t_\alpha = \frac{\hat{\alpha}-0}{\sqrt{s_{\hat{\alpha}}^2}} \sim \boxed{t(18)} \quad , \quad t_\beta = \frac{\hat{\beta}-0}{\sqrt{s_{\hat{\beta}}^2}} \sim \boxed{t(18)}$$

有意水準5%の棄却域の臨界値は $\boxed{\pm 2.101}$ である。

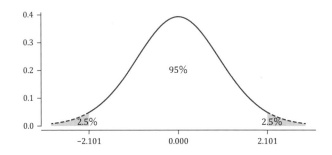

推定結果から, t値は,

$$|t_\alpha^*| = \left|\frac{\hat{\alpha}-0}{\sqrt{s_{\hat{\alpha}}^2}}\right| = \boxed{0.982} \Big/ \boxed{0.016} = 60.257 \boxed{>2.101}$$

$$|t_\beta^*| = \left|\frac{\hat{\beta}-0}{\sqrt{s_{\hat{\beta}}^2}}\right| = \boxed{-0.0017} \Big/ \boxed{0.0014} = 1.273 \boxed{<2.101}$$

したがって, 有意水準5%で, αは有意, βは有意ではない。

(3) 【広島カープ】帰無仮説の下で, 最小二乗推定量は, nが大きいので,

$$t_\alpha = \frac{\hat{\alpha}-0}{\sqrt{s_{\hat{\alpha}}^2}} \sim \boxed{N(0,1)} \quad , \quad t_\beta = \frac{\hat{\beta}-0}{\sqrt{s_{\hat{\beta}}^2}} \sim \boxed{N(0,1)}$$

有意水準5%の棄却域の臨界値は $\boxed{\pm 1.96}$ である。

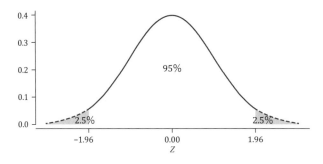

推定結果から, t値は,

$$|t_\alpha^*| = \left|\frac{\hat{\alpha}-0}{\sqrt{s_{\hat{\alpha}}^2}}\right| = \boxed{61.286} \Big/ \boxed{5.080} = 12.064 \boxed{>1.96}$$

$$|t_{\hat{\beta}}^*| = \left| \frac{\hat{\beta} - 0}{\sqrt{s_{\hat{\beta}}^2}} \right| = \left| \boxed{-1.282} \middle/ \boxed{1.336} \right| = 0.960 \boxed{< 1.96}$$

したがって，有意水準5%で，αは有意，βは有意ではない。

(4) 【マクドナルド】帰無仮説の下で，最小二乗推定量は，nが大きいので，

$$t_\alpha = \frac{\hat{\alpha} - 0}{\sqrt{s_{\hat{\alpha}}^2}} \sim \boxed{N(0,1)} \quad , \quad t_\beta = \frac{\hat{\beta} - 0}{\sqrt{s_{\hat{\beta}}^2}} \sim \boxed{N(0,1)}$$

有意水準5%の棄却域の臨界値は $\boxed{\pm 1.96}$ である。

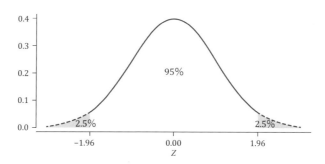

推定結果から，t値は，

$$|t_\alpha^*| = \left| \frac{\hat{\alpha} - 0}{\sqrt{s_{\hat{\alpha}}^2}} \right| = \boxed{240.659} \middle/ \boxed{155.338} = 1.549 \boxed{< 1.96}$$

$$|t_\beta^*| = \left| \frac{\hat{\beta} - 0}{\sqrt{s_{\hat{\beta}}^2}} \right| = (\boxed{1.906 \times 10^{-6}}) / (\boxed{7.921 \times 10^{-7}}) = 2.406 \boxed{> 1.96}$$

したがって，有意水準5%で，αは有意ではないが，βは有意である。

第12章

問題12.1：分散の区間推定

$$\frac{\sum_{i=1}^{n}(X_i - \bar{X})^2}{\sigma^2} \sim \chi^2(n-1)$$

(1) 【エコカー】

$$P\left(\boxed{49.592} \le \frac{\sum_{i=1}^{n}(X_i - \bar{X})^2}{\sigma^2} \le \boxed{96.189} \right) = 0.95$$

(2) 【Jリーグ】

$$P\left(\boxed{7.564} \le \frac{\sum_{i=1}^{n}(X_i - \bar{X})^2}{\sigma^2} \le \boxed{30.191} \right) = 0.95$$

(3) 【Pリーグ】

$$P\left(\boxed{8.907} \le \frac{\sum_{i=1}^{n}(X_i - \bar{X})^2}{\sigma^2} \le \boxed{32.852} \right) = 0.95$$

(4) 【スターバックス】

$$P\left(\boxed{29.160}\leq\frac{\sum_{i=1}^{n}(X_i-\bar{X})^2}{\sigma^2}\leq\boxed{66.617}\right)=0.95$$

(5) 【コンビニ】

$$P\left(\boxed{8.231}\leq\frac{\sum_{i=1}^{n}(X_i-\bar{X})^2}{\sigma^2}\leq\boxed{31.526}\right)=0.95$$

(6) 【広島カープ】

$$P\left(\boxed{21.336}\leq\frac{\sum_{i=1}^{n}(X_i-\bar{X})^2}{\sigma^2}\leq\boxed{54.437}\right)=0.95$$

(7) 【マクドナルド】

$$P\left(\boxed{69.925}\leq\frac{\sum_{i=1}^{n}(X_i-\bar{X})^2}{\sigma^2}\leq\boxed{123.858}\right)=0.95$$

問題 12.2：分散の検定

(1) 【エコカー】帰無仮説の下で，

$$\chi^2=\frac{(n-1)s^2}{\boxed{395709957.6}}=\frac{\sum_{i=1}^{n}(X_i-\bar{X})^2}{\boxed{395709957.6}}\sim\chi^2(35)$$

検定統計量の値は，

$$\chi^{2*}=\boxed{13873439088}\Big/\boxed{395709957.6}=35.060$$

(2) 【Ｊリーグ】帰無仮説の下で，

$$\chi^2=\frac{(n-1)s^2}{\boxed{0.0013}}=\frac{\sum_{i=1}^{n}(X_i-\bar{X})^2}{\boxed{0.0013}}\sim\chi^2(17)$$

$$\chi^{2*}=\boxed{0.378}\Big/\boxed{0.0013}=297.739$$

(3) 【Ｐリーグ】帰無仮説の下で

$$\chi^2=\frac{(n-1)s^2}{\boxed{0.022}}=\frac{\sum_{i=1}^{n}(X_i-\bar{X})^2}{\boxed{0.022}}\sim\chi^2(19)$$

$$\chi^{2*}=\boxed{0.024}\Big/\boxed{0.022}=1.085$$

(4) 【スターバックス】帰無仮説の下で，

$$\chi^2=\frac{(n-1)s^2}{\boxed{4605.124}}=\frac{\sum_{i=1}^{n}(X_i-\bar{X})^2}{\boxed{4605.124}}\sim\chi^2(15)$$

$$\chi^{2*} = \boxed{31539.460} \Big/ \boxed{4605.1249} = 6.849$$

(5) 【コンビニ】帰無仮説の下で,

$$\chi^2 = \frac{(n-1)s^2}{\boxed{23.705}} = \frac{\sum_{i=1}^{n}(X_i - \bar{X})^2}{\boxed{23.705}} \sim \chi^2(9)$$

$$\chi^{2*} = \boxed{31.676} \Big/ \boxed{23.705} = 1.336$$

(6) 【広島カープ】帰無仮説の下で,

$$\chi^2 = \frac{(n-1)s^2}{\boxed{174.229}} = \frac{\sum_{i=1}^{n}(X_i - \bar{X})^2}{\boxed{174.229}} \sim \chi^2(26)$$

$$\chi^{2*} = \boxed{900.884} \Big/ \boxed{174.229} = 5.171$$

(7) 【マクドナルド】帰無仮説の下で,

$$\chi^2 = \frac{(n-1)s^2}{\boxed{2166447.758}} = \frac{\sum_{i=1}^{n}(X_i - \bar{X})^2}{\boxed{2166447.758}} \sim \chi^2(95)$$

$$\chi^{2*} = \boxed{212599735.5} \Big/ \boxed{2166447.758} = 98.133$$

問題12.4：分析ツール F 値による分散比の検定

(1) 【エコカー】$\sigma_1^2/\sigma_2^2 > 1$ なので

$$H_0 : \sigma_1^2 = \sigma_2^2 \quad H_1 : \boxed{\sigma_1^2 > \sigma_2^2}$$

(2) 【J リーグ】$\sigma_1^2/\sigma_2^2 > 1$ なので

$$H_0 : \sigma_1^2 = \sigma_2^2 \quad H_1 : \boxed{\sigma_1^2 > \sigma_2^2}$$

(3) 【スターバックス】$\sigma_1^2/\sigma_2^2 < 1$ なので

$$H_0 : \sigma_1^2 = \sigma_2^2 \quad H_1 : \boxed{\sigma_1^2 < \sigma_2^2}$$

(4) 【コンビニ】$\sigma_1^2/\sigma_2^2 < 1$ なので

$$H_0 : \sigma_1^2 = \sigma_2^2 \quad H_1 : \boxed{\sigma_1^2 < \sigma_2^2}$$

(5) 【広島カープ】$\sigma_1^2/\sigma_2^2 < 1$ なので

$$H_0 : \sigma_1^2 = \sigma_2^2 \quad H_1 : \boxed{\sigma_1^2 < \sigma_2^2}$$

(6) 【マクドナルド】$\sigma_1^2/\sigma_2^2 > 1$ なので

$$H_0 : \sigma_1^2 = \sigma_2^2 \quad H_1 : \boxed{\sigma_1^2 > \sigma_2^2}$$

問題12.5：分散比の両側検定

(1) 【エコカー】前期を X, 後期を Y とする。帰無仮説の下で, 検定統計量 $F = \frac{s_1^2}{s_2^2} \sim F(35, 35)$ に従う。検定統計量の値は,

$$f = \boxed{396383973.9} \Big/ \boxed{395709957.6} = 1.002$$

(2) 【J リーグ】J リーグを X，プレミアリーグを Y とする。帰無仮説の下で，$F = \dfrac{s_1^2}{s_2^2} \sim F(17, 19)$ に従う。

$$f = \boxed{0.022} \,/\, \boxed{0.0013} = 17.514$$

(3) 【スターバックス】政令指定都市のある 16 地域（東京都を含む）を X，それ以外の地域を Y とする。帰無仮説の下で $F = \dfrac{s_1^2}{s_2^2} \sim F(15, 30)$ に従う。

$$f = \boxed{2102.631} \,/\, \boxed{4605.124} = 0.457$$

(4) 【コンビニ】2007 年以前（H10–H19）を X，2008 年以降（H20–H28）を Y とする。帰無仮説の下で，$F = \dfrac{s_1^2}{s_2^2} \sim F(9, 8)$ に従う。

$$f = \boxed{3.51957} \,/\, \boxed{23.705} = 0.148$$

(5) 【広島カープ】CS 開始前を X，CS 開始後を Y とする。帰無仮説の下で，検定統計量 $F = \dfrac{s_1^2}{s_2^2} \sim F(26, 9)$ に従う。

$$f = \boxed{34.649} \,/\, \boxed{174.229} = 0.199$$

(6) 【マクドナルド】2012 年を X，2007 年を Y とする。帰無仮説の下で，$F = \dfrac{s_1^2}{s_2^2} \sim F(95, 95)$ に従う。

$$f = \boxed{2237891.953} \,/\, \boxed{2166447.758} = 1.033$$

第 13 章

問題補足なし。

第 14 章

問題 14.1：記述式問題（TOYOTA の株価の収益率）　有意性の検定について，t 値を用いる方法を補足する。t 値を用いる場合は，以下となる。帰無仮説の下で，最小二乗推定量は，n が大きいので，以下の分布に従う。

$$t_\alpha = \frac{\hat{\alpha} - 0}{\sqrt{s_{\hat{\alpha}}^2}} \sim N(0, 1) \quad , \quad t_\beta = \frac{\hat{\beta} - 0}{\sqrt{s_{\hat{\beta}}^2}} \sim N(0, 1)$$

有意水準 5% の棄却域の臨界値は ±1.96 である。

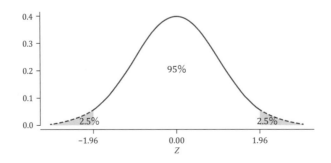

推定結果から，検定統計量の値は，

$$|t_\alpha^*| = \left| \frac{\hat{\alpha} - 0}{\sqrt{s_{\hat{\alpha}}^2}} \right| = 0.069/0.442 = 0.155 < 1.96$$

$$|t_\beta^*| = \left| \frac{\hat{\beta} - 0}{\sqrt{s_{\hat{\beta}}^2}} \right| = 1.065/0.080 = 13.324 > 1.96$$

したがって有意水準5%で，αは有意でなく，βは有意である。

索 引

ま 行

や 行

ら 行

わ 行

著者紹介

來島　愛子 (くるしま　あいこ)

1997年　東京大学工学部卒業
2005年　東京大学大学院総合文化研究科　博士 (学術)
現　在　上智大学経済学部教授

主要論文

"Multiple stopping odds problem in Bernoulli trials with random number of observations," (with Katsunori Ano), *Mathematica Applicanda*, 44(1), pp.209-220, 2016.

"Maximizing the Expected Duration of Owning a Relatively Best Object in a Poisson Process with Rankable Observations," (with Katsunori Ano), *JOURNAL OF APPLIED PROBABILITY*, 46(2), pp.402-414, 2009.

"A note on the full-information Poisson arrival selection problem," (with Katsunori Ano), *JOURNAL OF APPLIED PROBABILITY*, 40(4), pp.1147-1154, 2003.

竹内　明香 (たけうち　あすか)

2001年　東京都立大学経済学部卒業
2007年　一橋大学大学院経済学研究科　博士 (経済学)
現　在　上智大学経済学部准教授

主要著書・論文

『入門 計量経済学　第2版—Excel による実証分析へのガイド—』 (山本拓との共著) (新世社, 2024年)

「個別株式ボラティリティの長期記憶性と非対称性のFIEGARCH モデルと EGARCH モデルによる実証分析」『日本統計学会誌』, 42巻, 1号, pp.1–23, 2012年.

『入門 経済のための統計学　第3版』 (加納悟・浅子和美との共著) (日本評論社, 2011年)

ライブラリ経済学ワークブック—3

統計学ワークブック
——アクティブに学ぶ書き込み式——

2024 年 4 月 10 日 ⓒ　　　　　　　　　　　初 版 発 行

著　者　來島愛子　　　　　　発行者　森平敏孝
　　　　竹内明香　　　　　　印刷者　小宮山恒敏

【発行】　　　　　　株式会社　新世社
〒151-0051　東京都渋谷区千駄ヶ谷1丁目3番25号
編集☎(03)5474-8818(代)　　　サイエンスビル

【発売】　　　　　　株式会社　サイエンス社
〒151-0051　東京都渋谷区千駄ヶ谷1丁目3番25号
営業☎(03)5474-8500(代)　　　振替　00170-7-2387
FAX☎(03)5474-8900

印刷・製本　小宮山印刷工業(株)
《検印省略》

サイエンス社・新世社のホームページのご案内
https://www.saiensu.co.jp
ご意見・ご要望は
shin@saiensu.co.jp　まで.

ISBN978-4-88384-383-1

PRINTED IN JAPAN

経済学コア・テキスト＆最先端 別巻1

コア・テキスト
統 計 学
第3版

大屋幸輔 著

A5判／336頁／本体2,150円（税抜き）

統計学のスタンダードテキストとして幅広い支持を得てきた書の最新版。以前にもまして統計学の役割が期待されるようになってきたことを踏まえて，エビデンスに基づく政策評価などで利用される因果推論の基礎的な考え方も紹介し，差の差の分析について取り上げた。また優位性や p 値など実際に検定を行う上で重要な事項の解説も加え，仮説検定に関する章を大幅に拡充している。読みやすい2色刷。

【主要目次】

発行 新世社　　　発売 サイエンス社